Alain Abi Rizk

Les cellules souches de l'épithélium pulmonaire

Alain Abi Rizk

Les cellules souches de l'épithélium pulmonaire

Vers de nouvelles approches thérapeutiques

Presses Académiques Francophones

Impressum / Mentions légales

Bibliografische Information der Deutschen Nationalbibliothek: Die Deutsche Nationalbibliothek verzeichnet diese Publikation in der Deutschen Nationalbibliografie; detaillierte bibliografische Daten sind im Internet über http://dnb.d-nb.de abrufbar.

Alle in diesem Buch genannten Marken und Produktnamen unterliegen warenzeichen-, marken- oder patentrechtlichem Schutz bzw. sind Warenzeichen oder eingetragene Warenzeichen der jeweiligen Inhaber. Die Wiedergabe von Marken, Produktnamen, Gebrauchsnamen, Handelsnamen, Warenbezeichnungen u.s.w. in diesem Werk berechtigt auch ohne besondere Kennzeichnung nicht zu der Annahme, dass solche Namen im Sinne der Warenzeichen- und Markenschutzgesetzgebung als frei zu betrachten wären und daher von jedermann benutzt werden dürften.

Information bibliographique publiée par la Deutsche Nationalbibliothek: La Deutsche Nationalbibliothek inscrit cette publication à la Deutsche Nationalbibliografie; des données bibliographiques détaillées sont disponibles sur internet à l'adresse http://dnb.d-nb.de.

Toutes marques et noms de produits mentionnés dans ce livre demeurent sous la protection des marques, des marques déposées et des brevets, et sont des marques ou des marques déposées de leurs détenteurs respectifs. L'utilisation des marques, noms de produits, noms communs, noms commerciaux, descriptions de produits, etc, même sans qu'ils soient mentionnés de façon particulière dans ce livre ne signifie en aucune façon que ces noms peuvent être utilisés sans restriction à l'égard de la législation pour la protection des marques et des marques déposées et pourraient donc être utilisés par quiconque.

Coverbild / Photo de couverture: www.ingimage.com

Verlag / Editeur:
Presses Académiques Francophones
ist ein Imprint der / est une marque déposée de
OmniScriptum GmbH & Co. KG
Heinrich-Böcking-Str. 6-8, 66121 Saarbrücken, Deutschland / Allemagne
Email: info@presses-academiques.com

Herstellung: siehe letzte Seite /
Impression: voir la dernière page
ISBN: 978-3-8416-2791-9

Copyright / Droit d'auteur © 2013 OmniScriptum GmbH & Co. KG
Alle Rechte vorbehalten. / Tous droits réservés. Saarbrücken 2013

SOMMAIRE

LISTE DES ABREVIATIONS	ii
LISTE DES ILLUSTRATIONS	vi
INTRODUCTION GENERALE	1
I. CARACTERISTIQUES DEVELOPPEMENTALES ET HISTOLOGIQUES DU POUMON DES MAMMIFERES (CAS DU POUMON OVIN)	**2**
I.1. LE DÉVELOPPEMENT EMBRYONNAIRE DE L'APPAREIL RESPIRATOIRE OVIN	2
I.2. INITIATION MOLÉCULAIRE DU DÉVELOPPEMENT PULMONAIRE	7
II. HISTOLOGIE DE L'EPITHELIUM RESPIRATOIRE	**13**
II.1. L'ÉPITHÉLIUM TRACHÉO-BRONCHIQUE	15
II.2. L'ÉPITHÉLIUM BRONCHIOLAIRE	16
II.3. L'ÉPITHÉLIUM ALVÉOLAIRE	17
III. LES CELLULES SOUCHES ET LEUR CLASSIFICATION	**18**
IV. LES CELLULES SOUCHES ET PROGENITRICES DE L'EPITHELIUM PULMONAIRE	**29**
IV.2. CELLULES PROGÉNITRICES DE L'ÉPITHÉLIUM BRONCHIOLAIRE	33
IV.3. CELLULES SOUCHES DE LA JONCTION BRONCHIOLO-ALVÉOLAIRE	34
IV.4. CELLULES PROGÉNITRICES DE L'ÉPITHÉLIUM ALVÉOLAIRE	36
IV.5. LES CELLULES C-KIT	37
IV.6. LA "SP" (SIDE POPULATION)	38
V. REGULATION MOLECULAIRE DES CELLULES SOUCHES DE L'EPITHELIUM RESPIRATOIRE	**39**
VI. LES CELLULES SOUCHES TUMORALES PULMONAIRES	**43**
VI.1. INITIATION MOLÉCULAIRE DU DÉVELOPPEMENT DES CELLULES SOUCHES TUMORALES PULMONAIRES	46
VII. VERS DE NOUVELLES APPROCHES THERAPEUTIQUES	**47**
VII.1. LES CELLULES SOUCHES ENDOGÈNES	48
VII.2. LES CELLULES SOUCHES HÉMATOPOÏÉTIQUES	48
VII.3. LES CELLULES SOUCHES MÉSENCHYMATEUSES	49
VII.4. LES CELLULES SOUCHES EMBRYONNAIRES	51
VII.5. LE DÉFI DE LA THÉRAPIE CELLULAIRE DU POUMON	51
VIII. CONCLUSION	**52**
REFERENCES BIBLIOGRAPHIQUES	53

LISTE DES ABRÉVIATIONS
Selon HGNC (HUGO Gene Nomenclature Committee)
http://www.genenames.org/

ABC:	ATP-Binding Cassette
AEC:	Alveolar Epithelial Cell
ALDH:	ALdéhyde DésHydrogénase
AQP:	AQuaPorine
BASC:	BronchioloAlveolar Stem Cells
Bcrp1:	Breast cancer resistance protein 1
BMP4:	Bone Morphogenetic Protein 4
BRF2:	Butyrare Response Factor 2
CC10:	Clara Cell 10 kDa
CCSP:	Clara Cell Secretory Protein
CDKN2A:	Cyclin-Dependent KiNase inhibitor 2A
CFTR:	Cystic Fibrosis Transmembrane conductance Regulator
CGRP:	Calcitonin Gene-Related Peptide
c-kit:	Cell receptor tyrosine kinase
CSM:	Cellule Souche Mésanchymateuse
EGF:	Epidermal Growth Factor
EGFR:	Epidermal Growth Factor Receptor
ENaC:	Epithelial Na Channel
Fgf	Fibroblast growth factors
Fgf10:	Fibroblast growth factor 10
Fgfr2b:	Fibroblast growth factor receptor 2 b
FOX:	FOrkhead boX
GATA6:	GATA binding Factor 6

*GDF*3:	Growth Differentiation Factor-3
Gli1:	Glioma-associated oncogene family zinc finger 1
GRP:	Gastrin Related Peptide
HGF:	Hepatocyte Growth Factor
HIF-1α:	Hypoxia Inducible Factor 1, alpha subunit
Hip:	Hedgehog interacting protein
IDO:	InDOleamine 2,3-dioxygenase 1
IGF1:	Insulin-like Growth Factor 1
IL10:	InterLeukin 10
iPS:	induced Pluripotent Stem cells
KLF4:	Kruppel-Like Factor 4
KO:	Knock Out
KRAS:	v-Ki-ras2 Kirsten rat sarcoma viral oncogene homolog
LEF:	Lymphoïd Enhancer binding Factor
LIN28:	LIN-28 homolog
LRC:	Label-Retaining Cells
LRP:	Low density lipoprotein Receptor-related Protein
MAML1:	MAsterMind-Like 1
MHC-1:	Major Histocomptability Class 1
MYC:	MYeloCytomatosis viral oncogene homolog
NANOG:	Nanog homeobox
CBNPC:	Cancer Bronchique Non à Petites Cellules
OCT4:	OCTamer binding factor 4
CBPC:	Cancer Bronchique à Petites Cellules
piPS:	protein induced Pluripotent Stem cells
Ptc:	Patched

PTEN:	Phosphatase and TENsin homolog
PTGER2:	ProsTaGlandin E Receptor 2
PTPRC:	Protein Tyrosine Phosphatase Receptor type, C
RB1:	RetinoBlastoma 1
RBPJK:	Recombination signal Binding Protein for immunoglobulin Kappa J region-like
RUNX:	Runt-related transcription factors
Sca-1:	Stem cell antigen 1
SCGB1A1:	SéCrétoGloBine 1A1
SHH:	Sonic HedgeHog
SMAD3:	Mothers Against Decapentaplegic homolog 3
Smo:	Smoothened
SOX2:	Sry-related high mObility group boX
SP:	Side Population
SP-A:	Surfactant Protein A
SP-B:	Surfactant Protein B
SP-C:	Surfactant Protein C
SP-D:	Surfactant Protein D
Spry2:	Sprouty homolog 2
SSEA:	Stage-Specific Embryonic Antigens
TCF:	Transcription Factor T-Cell specific
TDGF1:	Teratocarcinoma-Derived Growth Factor 1
TGF-β:	Transforming Growth Factor beta
TITF1:	Thyroid transcription factor 1
TP53:	Tumor Protein p53
TRA:	Tumor-Related Antigen

TRP:	Transformation Related Protein
Wnt:	Wingless type
ZFP42:	Zinc Finger Protein 42

LISTE DES ILLUSTRATIONS

Figure 1 : Les stades du développement pulmonaire ovin

Figure 2 : Changement de la proportion des cellules souches alvéolaires et des cellules alvéolaires intermédiaires chez l'ovin durant la période de gestation jusqu'à 2 ans après naissance

Figure 3 : Développement des cellules alvéolaires ovines

Figure 4 : Changement de la proportion des AECI et les AECII chez l'ovin durant la période de gestation jusqu'à 2 ans après naissance

Figure 5 : L'action du complexe Fgf10/SPRY2 sur le développement pulmonaire

Figure 6 : Action du complexe SHH/Hip sur le développement pulmonaire

Figure 7 : Action de la voie WNT sur le développement et le branchement pulmonaire

Figure 8 : Représentation de l'épithélium de surface bordant les voies aériennes

Figure 9 : Le potentiel de différentiation des cellules souches

Figure 10 : Obtention des cellules souches pluripotentes induites (iPS)

Figure 11 : Les niches des cellules souches dans l'épithélium pulmonaire

Figure 12 : Les cellules souches bronchioloalvéolaires

Figure 13 : Représentation schématique de la voie NOTCH

Figure 14 : Représentation schématique de la voie WINT

Figure 15 : Représentation schématique de la voie TGF-β/ SMAD3

INTRODUCTION GENERALE

L'épithélium des voies respiratoires est fréquemment lésé au cours des pathologies respiratoires inflammatoires et chroniques et doit régénérer sa structure afin de restaurer son intégrité et ses fonctions de défenses. Des sous-populations de cellules de Clara sont impliquées dans le renouvellement des épithélia bronchique et bronchiolaire, des cellules souches bronchioloalvéolaires assurent le maintien de l'épithélium bronchioloalvéolaire et des AEC II (Alveolar Epithelial Cell type II) se trans-différencient en AEC I (Alveolar Epithelial Cell type II) au sein de l'épithélium alvéolaire. Toutefois, la nature des cellules souches ou des progéniteurs de l'épithélium respiratoire chez les gros animaux et notamment chez les humains reste encore peu connue.

Ce manuscrit présentera les différents types de cellules souches, ainsi que leur potentiel d'auto-renouvèlement et de différenciation. Nous aborderons, le développement de l'appareil respiratoire, ainsi que l'histologie de l'épithélium bordant les voies aériennes et alvéolaires. Nous détaillerons les cellules épithéliales pulmonaires candidates au statut de cellules souches. Nous introduirons les données établies dans la littérature concernant la régulation du comportement des cellules souches épithéliales respiratoires. Enfin, nous discuterons des nouvelles approches thérapeutiques des cellules souches dans le poumon.

I. CARACTERISTIQUES DEVELOPPEMENTALES ET HISTOLOGIQUES DU POUMON DES MAMMIFERES (CAS DU POUMON OVIN)

Comme chez tous les mammifères, l'appareil respiratoire ovin est constitué des fosses nasales, du rhino-pharynx, du larynx, de la trachée, de bronches, de bronchioles et d'alvéoles pulmonaires (86).

I.1. LE DEVELOPPEMENT EMBRYONNAIRE DE L'APPAREIL RESPIRATOIRE OVIN

Chez la majorité des mammifères notamment l'homme, la souris et le mouton, le processus de maturation et de différenciation de l'appareil respiratoire commence *in utero* dès les premières semaines de vie fœtale. Contrairement à l'homme où le développement pulmonaire se poursuit jusqu'à l'âge de 8 ans, le développement pulmonaire ovin se termine à la naissance après 140 jours de gestation (3) (Figure 1). La formation de l'appareil respiratoire chez les ovins résulte de l'interaction complexe d'un certain nombre de facteurs: facteurs de croissance, exposition hormonale, facteurs génétiques, nutrition, *stimuli* de nature physique tels que les mouvements fœtaux respiratoires, les forces d'étirement pulmonaire, le volume du liquide intra-pulmonaire, du liquide amniotique et les expositions aux agressions. Le développement pulmonaire ovin s'étend sur 4 stades (Figure 1) (1, 16, 18).

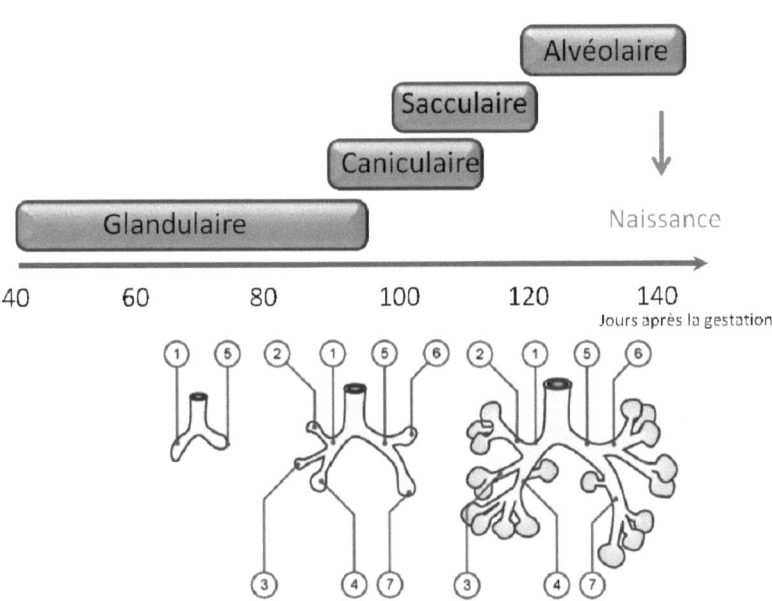

Figure 1 : Les stades du développement pulmonaire ovin (adapté de (3)). 1 : bronche principale droite, 2 : lobe pulmonaire supérieur droit, 3 : lobe pulmonaire moyen, 4 : lobe pulmonaire inferieur droit, 5 : bronche principale gauche, 6 : lobe pulmonaire supérieur gauche, 7 : lobe pulmonaire inférieur gauche.

Stade glandulaire (39ème – 94ème jour de gestation)

La première ébauche respiratoire apparaît vers le 39ème jour de la gestation sous forme d'un bourgeon sur la face ventrale du tube digestif primitif. Très rapidement apparaissent deux bourgeons latéraux qui s'allongent en deux ébauches bronchiques principales pavées d'une seule couche d'épithélium. Cette couche de cellules épithéliales non différenciées subit une différenciation centrifuge de la partie proximale vers la partie distale avec apparition des cellules ciliées, sécrétoires et neuroendocrines. Les ramifications tubulaires continuent jusqu'à la formation des bronchioles terminales. Des cellules épithéliales bronchiolaires différenciées apparaissent telles que les cellules ciliées, non ciliées et caliciformes dans la partie proximale des bronchioles et on détecte les premiers battements ciliaires des cellules ciliées (68).

Stade caniculaire (95ème – 109ème jour de gestation)

Le nombre total de segments bronchiques étant établi, la croissance en longueur et largeur des bronches débute. Les bronchioles se développent et les cellules épithéliales qui présentent une forme arrondie et contiennent abondamment du glycogène, se différencient en cellules alvéolaires intermédiaires dont le noyau s'aplatit. Du point de vue morphologique, ces cellules forment de longues extensions cytoplasmiques acquièrent des corps lamellaires et des microvillosités (68). La proportion des cellules épithéliales de formes arrondies et dépourvues de corps lamellaire (cellules immatures souches ou "Stem cells") (figure 2) diminue significativement pour atteindre un taux négligeable à la fin du stade caniculaire. Parallèlement, le nombre de cellules alvéolaires intermédiaires "Intermediate cells" augmente légèrement, signant ainsi la formation des premières ébauches des sacs alvéolaires (Figure 2) (68).

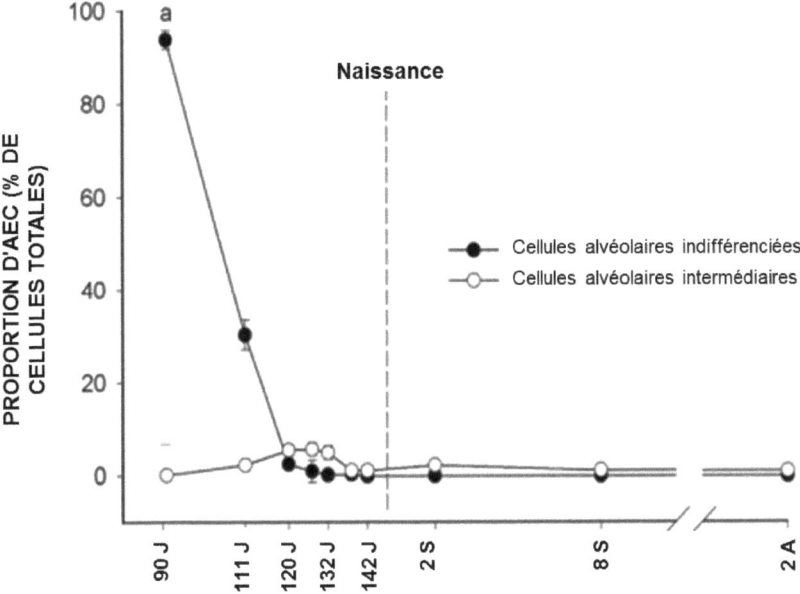

Figure 2: Changement de la proportion des cellules immatures alvéolaires et des cellules alvéolaires intermédiaires chez l'ovin durant la période de gestation jusqu'à 2 ans après naissance. Cellules alvéolaires indifférenciées "souches" (Stem cells) (•), cellules alvéolaires intermédiaires (Intermediate cells) (○) d'après (68). Les cellules alvéolaires immatures, (ou progénitrices ou souches) sont caractérisées histologiquement pour leur forme ronde, un cytoplasme riche en glycogène, l'absence de corps lamellaires. Les cellules intermédiaires sont un groupe hétérogène de cellules qui ont des caractéristiques d'AECI ou d'AECII.

Stade sacculaire (110ème – 121ème jour de gestation)

Ce stade débute avec la différenciation des cellules alvéolaires intermédiaires en AEC I et AECII (Figure 3 A). La formation des alvéoles se met en place par cloisonnement et la première apparition des protéines du surfactant SP-A, SP-B, SP-C et SP-D résulte de la maturation de des AEC. A la fin du stade sacculaire, le niveau d'expression des ARNm de SP-A, SP-B , SP-C et SP-D commence a augmenter de façon significative et maintien ce niveau d'expression élevé même après la naissance. (Figure 3 B).

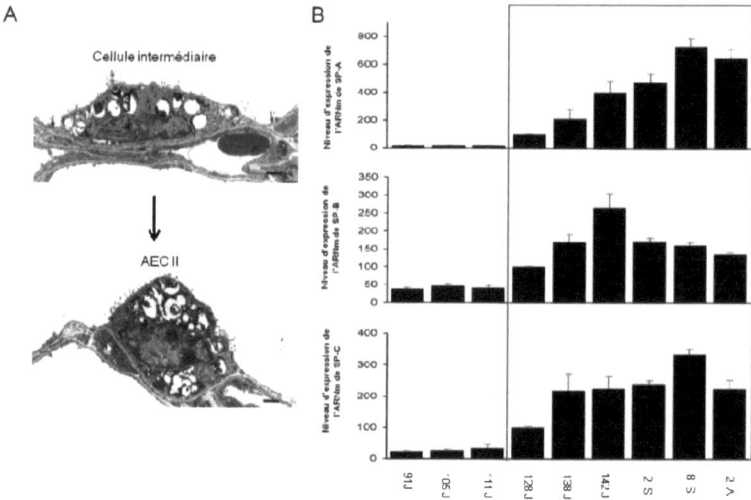

Figure 3: Développement des cellules alvéolaires ovines. A: Ultrastructure des cellules alvéolaires intermédiaires et des AEC II chez le fœtus ovin. Les cellules intermédiaires présentent des noyaux aplatis, de longues extensions cytoplasmiques, corps lamellaires et microvillosités. Les AEC II de forme arrondie se caractérisent par des noyaux arrondis, des corps lamellaires et des microvillosités leur pôle apical. B: Variation de l'expression relative des ARNm des protéines A (SP-A), B (SP-B) et C (SP-C) du surfactant durant la période de gestation jusqu'à 2 ans après la naissance. Le cadre rouge désigne la période de surexpression des ARNm SP-A, SP-B et SP-C Adapté de (68).

Stade alvéolaire (122ème – la naissance)

Contrairement à l'homme, où le développement pulmonaire continue 2 ans après la naissance, au-delà du 130ème jour de gestation, il n'y a plus de multiplication alvéolaire chez l'agneau. A la naissance, les cellules intermédiaires alvéolaires disparaissent et les alvéoles maintiennent des taux cellulaires constants de ~ 45% de AECI de forme allongées et ~ 55% de AECII de forme arrondies et riches en corps lamellaires, dès 2 semaines d'âge et jusqu'à la mort de l'animal (68) (Figure 4).

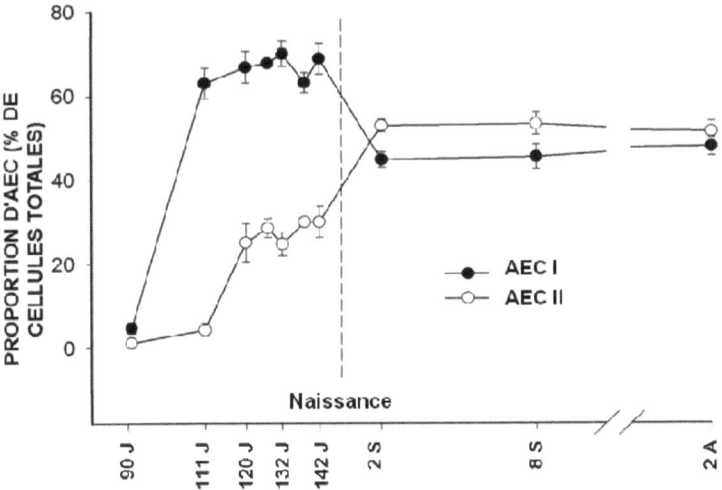

Figure 4: Changement de la proportion des AECI et les AECII chez l'ovin durant la période de gestation jusqu'à 2 ans après naissance. AEC: Alveolar Epithelial Cells, AECI (•), AECII (○) d'après (68).

I.2. INITIATION MOLECULAIRE DU DEVELOPPEMENT PULMONAIRE

La morphogenèse de l'appareil respiratoire résulte d'une activité cellulaire contrôlée par un mécanisme moléculaire complexe. Le branchement correct, la vascularisation et la différenciation des cellules souches pulmonaires dérivent de l'interaction de multiples facteurs moléculaires tels que les protéines FGF10 (Fibroblast Growth Factor 10), SHH (Sonic Hedgehog), SPRY2 (Sprouty homolog 2 drosophila) et WNT (Wingless type).

I.2.1. LE COMPLEXE FGF10/ SPRY2

La protéine FGF10 est un membre de la famille des FGF. Elle joue un rôle essentiel dans la formation, l'orientation et la croissance pulmonaire chez les mammifères. Elle est produite par les cellules mésenchymateuses distales du bourgeon pulmonaire au cours du développement. FGF10 agit sur les cellules épithéliales pulmonaires *via* le récepteur membranaire FGFR2B (Fibroblast Growth Factor Receptor 2 b) et induit leur prolifération. Elle induit aussi le branchement du bourgeon et contrôle sa direction de croissance. La délétion des 2 allèles de *FGF10* ou l'inhibition de son récepteur FGFR2B empêchent le développement pulmonaire murin (174, 201). L'augmentation de la production de FGF10 augmente le branchement et les jonctions anarchiques chez les souris (15).

SPRY2 (Sprouty Homolog 2) est sécrété par les cellules épithéliales inhibe l'action de FGF10 (85, 139). Chez la souris, l'augmentation de la production de SPRY2 entraine une diminution de la prolifération cellulaire et aboutit à la formation de petits poumons; alors que la diminution de sa production est à l'origine d'un nombre plus important de branchements (figure 5) (225).

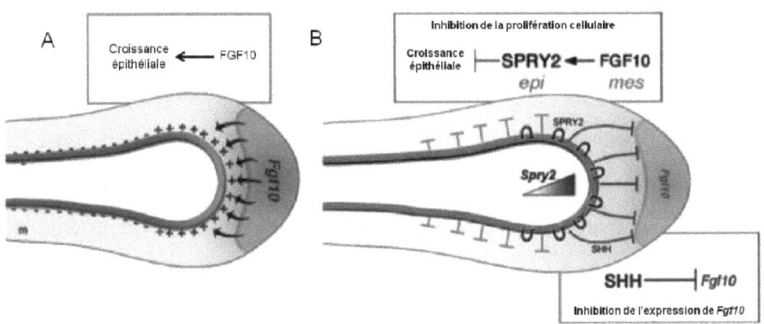

Figure 5: L'action du complexe Fgf10/SPRY2 sur le développement pulmonaire. A: *Fgf10* est activé dans les cellules mésenchymateuses et la protéine FGF10 induit la prolifération de l'épithélium pulmonaire (+). B: *Spry2* est activé dans les cellules épithéliales et la protéine SPRY2 inhibe l'action de *Fgf10* (adapté de (243)). Rouge : Epithélium pulmonaire. Bleu : localisation des cellules mésenchymateuses sécrétant Fgf10.

I.2.2. LE COMPLEXE SHH/ HIP

Chez les vertébrés et les invertébrés, la voie de signalisation SHH (Sonic HedgeHog) contrôle la localisation, le moment de la prolifération ainsi que la différenciation cellulaire au cours de l'embryogénèse. La protéine SHH est sécrétée par les cellules épithéliales pulmonaires et agit sur les cellules mésenchymateuses *via* le récepteur PTCH (Patched) (234). La fixation de SHH sur PTCH conduit à la dé-répression de la protéine SMO (Smoothened, frizzled family receptor), normalement inhibée par Ptc (102). L'activation de Smo entraîne une cascade de signalisation intracellulaire et aboutit à l'importation de la protéine Gli1 (Glioma-associated oncogene family zinc finger 1) dans le noyau. Le facteur de transcription Gli1, active l'expression de gènes cibles tels que *FOXF1* (Forkhead box L1) impliqué dans la prolifération des cellules du mésenchyme pulmonaire. La surexpression de *SHH* sous contrôle du promoteur de SP-C conduit à l'absence d'alvéoles fonctionnelles ainsi qu'à une augmentation du tissu interstitiel mésenchymateux chez la souris (172). La délétion de *SHH* conduit à une trachée qui ne se sépare pas de l'œsophage (172). La protéine SHH augmente la prolifération des cellules mésenchymateuses par rapport aux cellules épithéliales. SHH inhibe la transcription du gène *FGF10* impliqué dans la prolifération des cellules épithéliales pulmonaires. La délétion d'un allèle de *SHH* induit une expression de FGF10 diffuse dans tout le mésenchyme pulmonaire et un développement anarchique de l'épithélium (Figure 6) (172). La protéine HIP (Hedgehog interacting Protein), produite sous l'activation de Gli1, contrôle SHH. Elle inhibe l'action de Gli1 permettant de nouveau à FGF10 d'être reproduite par les cellules mésenchymateuses et d'être reçue par l'épithélium de façon coordonnée (41).

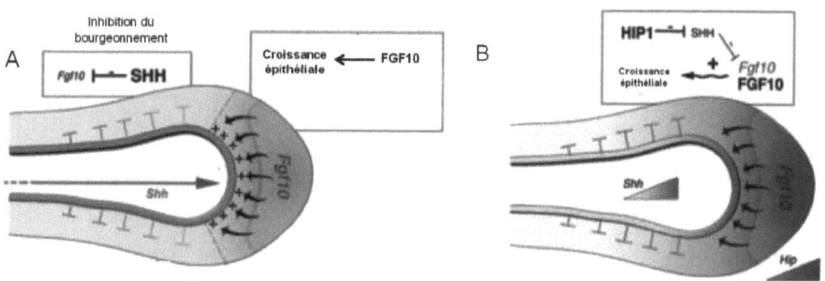

Figure 6: Action du complexe SHH/HIP1 sur le développement pulmonaire.
A: SHH est sécrétée par les cellules épithéliales et inhibe la transcription de *Fgf10*. B : La protéine HIP inhibe la voie SHH et réactive l'action de la protéine FGF10 (adapté de (243)).

I.2.3. LA VOIE DE SIGNALISATION WINGLESS TYPE

Les voies WNT (Wingless type) sont impliquées dans l'embryogenèse et la morphogenèse. Elles jouent un rôle majeur dans la programmation cellulaire notamment lors de la formation de l'appareil respiratoire. Ces voies sont complexes et l'ensemble de leur rôle physiologique est encore loin d'être déchiffré. Deux voies ont été décrites : la voie canonique qui joue un rôle important dans le destin des cellules souches des différents organes et la voie non canonique qui intervient dans la polarité et les mouvements cellulaires (114). L'activation de la voie canonique débute par la fixation d'un ligand de la famille WNT sur les récepteurs transmembranaires "Frizzled" et LRP (low density lipoprotein receptor-related protein). Lorsqu'un ligand Wnt interagit avec ces deux corécepteurs, il y a inhibition de la phosphorylation de la β-caténine, induisant son accumulation dans le cytoplasme. Celle-ci est transportée dans le noyau pour s'associer avec des protéines de la famille des facteurs de transcription LEF/ TCF (Lymphoïd Enhancer binding Factor/ Transcription factor) et permet l'activation des gènes impliqués dans la prolifération ou la différenciation (114). Une mutation induite dans le gène *WNT7b* (Wingless type 7b) de la lignée germinale murine au cours du développement pulmonaire entraine des troubles respiratoires liés à l'hypoplasie des poumons et est associée à une baisse de la prolifération du mésenchyme ce qui induira la mort des souriceaux après la naissance (206) . WNT5a empêche l'action de FGF10 et la délétion du gène *WNT5a* induit une prolifération anormale de l'épithélium respiratoire, un rétrécissement du mésenchyme interstitiel ainsi qu'un mauvais embranchement pulmonaire (126). L'inactivation du gène de la β-caténine *ou CTNNB* (catenin (cadherin-associated protein), beta 1, 88kDa) chez des souris KO induit une réduction sévère du nombre d'alvéoles et entraine leur mort à la naissance (155). La voie canonique WNT, sous le contrôle de DKK1 (Dickkopf-related protein 1) participe donc au développement équilibré du mésenchyme et de l'épithélium et au branchement correct au cours de l'embryogenèse (Figure 7).

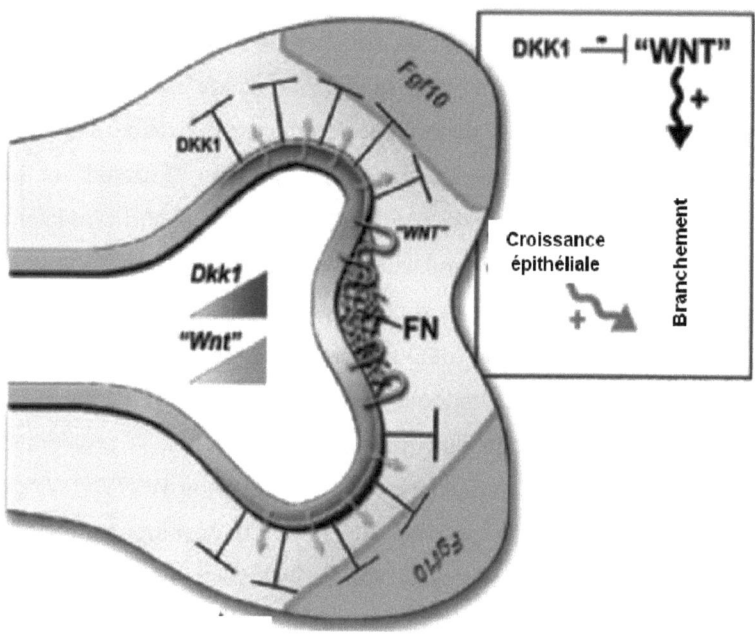

Figure 7: L'action de la voie WNT sur le développement et le branchement pulmonaire. Un arrêt de la sécrétion de la protéine Dkk1 (Dickkopf-related protein 1) qui est essentiellement un inhibiteur de la voie WNT induit la sécrétion des protéines Wnt par les cellules mésenchymateuses et le branchement du bourgeon pulmonaire suite à la production de fibronectine (FN) au centre de la partie distale (adapté de (243))

I.2.4. AUTRES GENES IMPLIQUES DANS LA MORPHOGENESE DU POUMON

De nombreux autres gènes interviennent dans le processus de la morphogénèse du poumon mais leur rôle reste peu connu. La protéine BMP4 (Bone Morphogenetic Protein 4) est sécrétée par les cellules épithéliales. Elle est régulée par la protéine FGF10 (101) et agit rétro-activement en inhibant la sécrétion de Fgf10. BMP4 pourrait donc avoir un rôle d'inhibition de la croissance épithéliale (245). L'EGF (Epidermal Growth Factor) est l'un des facteurs de croissance essentiel dans le branchement du poumon (149). Il est exprimé par l'épithélium et le mésenchyme distal du bourgeon alvéolaire. La délétion de son récepteur EGFR (Epidermal Growth Factor Receptor) induit une réduction de 50% du branchement (243).

La famille des TGF-β (Transforming Growth factor beta) comprend les trois protéines TGF-β1,2 et 3 toutes exprimées dans le poumon embryonnaire (171). La surexpression de TGF-β1 inhibe le branchement du poumon durant l'embryogenèse (202). L'inhibition du récepteur de type 2 de TGF-β, conduit à une augmentation du nombre de branches formées (265). La délétion de *TGF-β3* chez la souris entraine un retard du développement pulmonaire et la mort précoce à la naissance (110).

II. HISTOLOGIE DE L'EPITHELIUM RESPIRATOIRE

Les propriétés morphologiques et physiologiques des cellules formant l'épithélium respiratoire varient selon leur emplacement (27) (Figure 8).

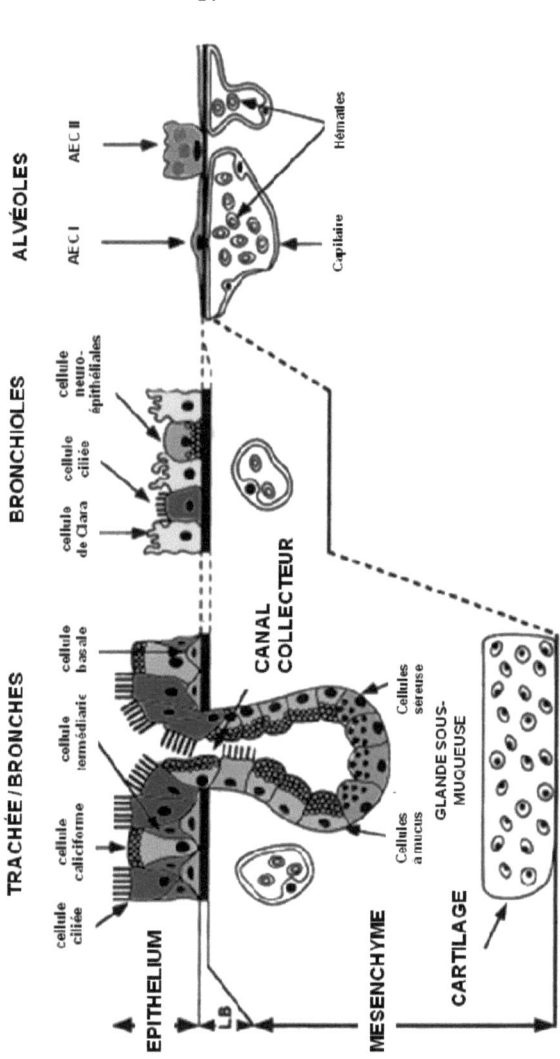

Figure 8 : Représentation de l'épithélium de surface bordant les voies aériennes humaines (adapté de [72]).

II.1. L'EPITHELIUM TRACHEO-BRONCHIQUE

Depuis les fosses nasales jusqu'aux bronchioles, l'épithélium respiratoire comprend un épithélium de surface en contact avec l'air inhalé et un épithélium glandulaire situé dans la sous-muqueuse respiratoire et relié à la lumière des voies aériennes par des canaux collecteurs renfermant l'épithélium canalaire. L'épithélium trachéo-bronchique ou pseudo-stratifié présente des cellules à noyaux stratifiés (145). Chez la majorité des mammifères, cet épithélium est composé de plusieurs types cellulaires ancrés à la membrane basale:

- Les **cellules ciliées** sont les plus nombreuses. Leur pôle apical est riche en mitochondries qui apportent l'énergie nécessaire aux battements ciliaires. La synchronisation des battements ciliaires aide au déplacement du mucus respiratoire vers le pharynx (210).

- Les **cellules sécrétoires ou calciformes** ont comme rôle principal la sécrétion des mucines et la production des protéines à activité anti-bactérienne telles que les IgA sécrétoires (81).

- Les **cellules intermédiaires** sont des cellules qui se divisent pour donner des cellules ciliées et des cellules sécrétoires (50).

- Les **cellules basales** sont capables de se différencier en cellules intermédiaires et sont impliquées dans la régénération des cellules ciliées et sécrétoires (50).

- Les **cellules canalaires** sont les cellules des canaux glandulaires. Elles sont majoritairement ciliées et permettent la propulsion des sécrétions glandulaires vers le liquide de surface (24).

- Les **cellules séreuses** présentent un cytoplasme riche en granules renfermant du lysozyme (90), de la transferrine (26) et de l'anti-leucoprotéase (70). Elles sécrètent des mucines neutres sulfatées (119) et des substances non muqueuses lipidiques (214). Elles jouent un rôle important dans l'immunité innée en sécrétant des facteurs anti-bactériens et du mucus impliqués dans le mantien du fonctionnement pulmonaire normal au niveau de la lumière des voies aériennes.

- Les **cellules myoépithéliales** entourent les canaux glandulaires. Elles favorisent l'expulsion des sécrétions glandulaires depuis les tubes collecteurs vers la lumière des voies aériennes par la pression qu'elles exercent sur les glandes. Ces cellules sont de forme allongée et sont positionnées à la base de l'épithélium glandulaire en contact avec la lame basale. Elles expriment la cytokératine 14 caractéristique des cellules épithéliales basales et l'α-actine caractéristique des fibres musculaires lisses (215).

- Les **cellules neuroendocrines** se distinguent par la présence de molécules biologiquement actives comme la sérotonine, la calcitonine, le CGRP (Calcitonin Gene-Related Peptide), la chromogranine A, la GRP (Gastrin Related Peptide) et la bombésine. Cette dernière est impliquée dans le tonus vasculaire et musculaire bronchique, la sécrétion du mucus et l'activité ciliaire (178, 248). Les peptides et les amines sécrétés par les cellules neuroendocrines jouent un rôle déterminant dans le développement fœtal en modulant la morphogenèse branchée (127, 220).

II.2. L'EPITHELIUM BRONCHIOLAIRE

L'épithélium qui tapisse les bronchioles est dépourvu de cellules caliciformes mais présente de rares cellules basales, ciliées et neuroendocrines. Cet épithélium est composé essentiellement de cellules en dôme dites **cellules de Clara** (Figure 8). Les cellules de Clara sont non ciliées, de forme ovale chez l'homme et irrégulière chez les autres espèces notamment chez l'ovin (177).

Leur noyau est basal et leur pôle apical présente des microvillosités. Ces cellules sont riches en cytochrome P450, une hydroxylase catalysant l'oxydation des composés organiques et participant à la détoxification des xénobiotiques (34, 250). Les cellules de Clara sécrètent une utéroglobine, nommée SCGB1A1 (secretoglobin, family 1A, member 1) chez l'humain et le lapin et CCSP (Clara Cell Secretory Protein) ou CC10 (Clara Cell 10 kDa) chez la souris, le rat ou l'ovin. Cette protéine joue un rôle anti-inflammatoire (150, 207, 244) *via* son potentiel rôle d'inhibiteur de la phospholipase A2 (140). Les cellules de Clara sécrètent également les protéines A, B et D du surfactant alvéolaire (236).

II.3. L'EPITHELIUM ALVEOLAIRE

L'épithélium alvéolaire est constitué d'**AEC I** et d'**AEC II** (Figure 8). Les AEC I sont des cellules larges et très aplaties (50 à 100 µm de diamètre) couvrant environ 95% de la surface épithéliale alvéolaire (217). Ces cellules ont été initialement décrites comme biologiquement inactives, totalement différenciées et impliquées dans le passage d'air passif vers les capillaires (217). Mais la présence des mitochondries, d'un appareil de Golgi important, de nombreuses vacuoles et des *microvilli* montre que ces cellules sont métaboliquement actives (79). Elles sont impliquées dans le maintien du fluide de surface et dans le transport actif d'eau et d'ions à travers des canaux sodiques ENaC (Epithelial Na Channel) présents à leur membrane (107). Il a été montré que les AEC I isolés des alvéoles de rats présentent une plasticité *in vitro* et sont capable d'exprimer SP-C, CC10 et OCT4 ce qui suggère leur possible rôle dans la réparation de l'épithélium alvéolaire *in vivo*. (79).

Les AEC II sont des cellules de forme cubique ne présentant pas d'extensions cytoplasmiques. Elles occupent 5% de la surface alvéolaire et constituent 63% de la population épithéliale alvéolaire chez l'homme (65) et 55% chez l'ovin (68). Le pôle apical des AEC II présente des microvillosités entourant une zone centrale lisse. Leur cytoplasme est riche en organites et contient un réticulum endoplasmique et un appareil de golgi surdéveloppés, signe d'un métabolisme très actif. Les AEC II se caractérisent par la présence de corps lamellaires situés à proximité des pôles apicaux et occupant 10% du volume de ces cellules. Ce sont des compartiments de stockage intracellulaire du surfactant pulmonaire avant sa sécrétion dans la lumière alvéolaire (252).

L'épithélium bordant les voies respiratoires de la trachée jusqu'aux alvéoles constitue une zone de défense contre les différents polluants et les agressions microbiennes, chimiques et mécaniques. Son homéostasie et le maintien de sa composition cellulaire résultent de la présence de différentes niches de cellules souches adultes et de cellules progénitrices, douées toutes les deux d'une capacité d'auto-renouvèlement et de maintien des différents types cellulaires.

III. LES CELLULES SOUCHES ET LEUR CLASSIFICATION

Les cellules souche sont des cellules indifférenciées capables de s'auto-renouveler afin de maintenir leur population. Elles produisent des cellules spécialisées qui acquièrent une morphologie et une fonction spécifique dans le tissu (71, 138). Les cellules souches se divisent soit symétriquement pour donner des cellules souches filles identiques, soit asymétriquement pour donner des cellules souches et des cellules progénitrices plus différenciées. Les cellules progénitrices peuvent s'engager dans une ou plusieurs voies de différenciation. Elles peuvent donnent naissance soit directement à des cellules différenciées soit à d'autres cellules progénitrices qui ultérieurement vont se différencier et se spécialiser dans un tissu donné. Les cellules progénitrices ou cellules d'amplification transitoire prolifèrent de façon limitée et participent aux réparations tissulaires après lésions (204). Selon leur capacité de différenciation, on distingue les cellules souches **totipotentes** issues des premières divisions d'un œuf fécondé ou zygote au stade morula 8 cellules.

Elles sont nommées blastomères et sont à l'origine des cellules des trois feuillets embryonnaires: l'ectoderme, le mésoderme et l'endoderme ainsi que du placenta. Elles sont capables de former un être vivant complet. Les cellules souches **pluripotentes** sont les cellules de l'embryon au stade blastocyste 40 cellules (Figure 9 B). Elles peuvent s'auto-renouveler et générer tous les tissus d'un organisme mais ne peuvent pas seules être à l'origine de l'être vivant. Les cellules **multipotentes** regroupent les cellules souches tissulaires du fœtus et de l'adulte. Elles sont capables de s'auto-renouveler, présentent un potentiel de différenciation plus limité que celui des cellules souches pluripotentes et s'engagent dans une voie de différenciation tissulaire spécifique. Enfin, les cellules souches **unipotentes** ne donnent naissance qu'à un type unique de cellules différenciées à un stade terminal (figure 9).

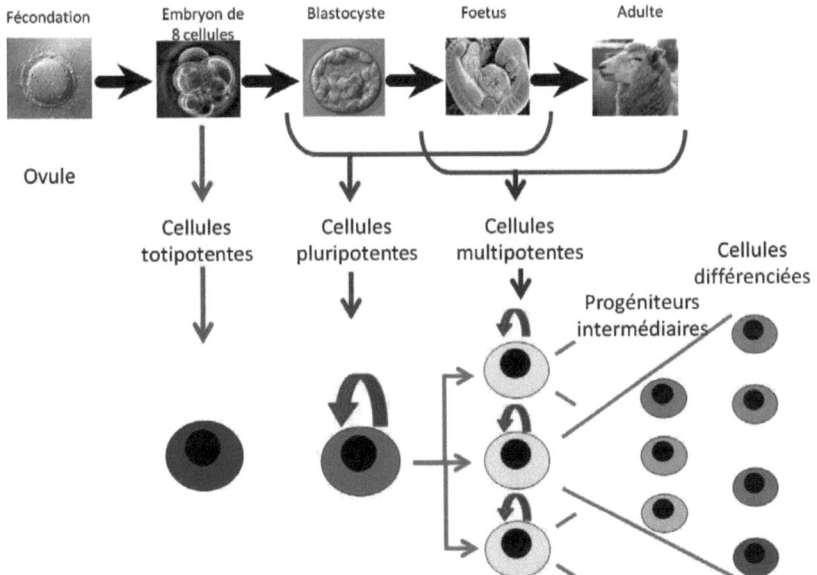

Figure 9 : Le potentiel de différentiation des cellules souches

III.1. LES CELLULES SOUCHES EMBRYONNAIRES

Les premières cellules souches embryonnaires totipotentes apparaissent au stade morula, postérieur aux premières divisions du zygote. Au stade blastula, un blastocyste est formé d'un trophectoderme enveloppant une sphère de cellules souches embryonnaires pluripotentes. Ces cellules génèrent l'endoderme, le mésoderme et l'ectoderme. Les premières études datent de 1981, avec la dérivation *in vitro* de cellules souches embryonnaires isolées de blastocystes de souris qui injectées aux souris induisaient la formation de tératocarcinomes (141). Des cellules souches embryonnaires humaines ont été isolées en 1998 (227), elles étaient capables de se maintenir jusqu'à deux ans, avec plus de 300 doublements *in vitro* tout en conservant un phénotype indifférencié (161). Les cellules souches embryonnaires humaines sont capables de former une multitude de types cellulaires comme des cellules nerveuses (183), ou des dérivés différenciés des trois feuillets germinaux (5, 183, 227) comme les cellules osseuses, les cellules musculaires lisses et striées (227).

Les cellules souches embryonnaires expriment des gènes impliqués dans la pluripotentialité tels que les facteurs de transcription *OCT4* (Octamer binding factor 4), *NANOG* (Nanog homeobox), *SOX2* (Sry- related high mobility group box -2), *FOXD3* (Forkhead box D3), *ZFP42* (Zinc Finger Protein 42), le récepteur du *TDGF1* (Teratocarcinoma- Derived Growth Factor 1) ou le facteur de croissance *GDF3* (Growth Differentiation Factor-3) (173). Elles peuvent être également caractérisées par l'activation de la phosphatase alcaline, de la télomèrase et par l'expression des gènes *SSEA-3* et *4* (Stage-Specific Embryonic Antigens 3 and 4) ou *MHC-1* (Major Histocompatibility Complex 1) (216). La totipotence des cellules souches embryonnaires chez l'homme est d'intérêt pour le développement de la médecine régénérative (54). Cependant, leur utilisation thérapeutique pose des problèmes d'ordre éthique lié à l'utilisation d'embryons humains [1] et d'innocuité lié à leur fort potentiel mitogène et tumorigène, augmentant le risque tumorale après implantation (141).

III.2. Les iPS

Il est possible de générer des cellules souches pluripotentes semblables aux cellules souches embryonnaires par reprogrammation génétique de cellules somatiques. Ce procédé permet de générer des cellules pluripotentes à partir des cellules d'un individu pour la réparation de ses tissus endommagés. C'est aussi une voie de production *in vitro* d'un répertoire de tissus normaux et pathologiques permettant d'en étudier les caractéristiques physiologiques et biologiques (167).

Les gènes *OCT4* et *SOX2* sont impliqués dans le maintien de la pluripotence des cellules souches embryonnaires (10, 159). Les gènes *MYC* (v-myc myelocytomatosis viral oncogene homolog) et *KLF4* (Kruppel-Like Factor 4) sont surexprimés dans de nombreuses tumeurs et contribuent à l'auto-renouvellement et la prolifération des cellules souches embryonnaires (33, 131). L'introduction de ces quatre gènes dans des cellules somatiques murines induit leur reprogrammation en cellules souches pluripotentes induites (33, 131). Les cellules générées à partir de cellules embryonnaires ou fibroblastiques murines ont été nommées iPS *(*induced Pluripotent Stem cell). Elles présentent des caractéristiques morphologiques et des capacités de prolifération et d'expression de gènes de cellules souches embryonnaires, tels que *OCT 4, NANOG, SOX2, SSEA-1...* (224).

Les premiers clones d'iPS humaines ont été obtenus à partir de fibroblastes humains par l'introduction soit des gènes *OCT4, SOX2, NANOG* et *LIN28* (lin-

---

[1] Pour information http://www.ladocumentationfrancaise.fr/rapports-publics/064000623/index.shtml

28 homolog) (261) soit des gènes *OCT4, Klf4, SOX2* et *MYC* (223). Les iPS humaines ainsi obtenues sont analogues aux cellules souches embryonnaires humaines en termes de morphologie, de prolifération, d'activité de la télomérase, d'expression de la phosphatase alcaline et des protéines telles que SSEA-1, SSEA-3, SSEA-4, TRA -1-60 (Tumor-Related Antigen 1-60), TRA -1-81 ou NANOG (223).

La suppression de transcription du gène P53 par shRNA (short Hairpin RNA) induit la transformation de 10% de fibroblastes murins en iPS *in vitro* (93). Alors que la transformation totale *in vitro* des fibroblastes murins et humain ainsi que des lymphocytes T humains en iPS nécessite la surexpression des trois gènes *OCT4, SOX2* et *KLF4* par transfection associés à la suppression de l'activité de P53 (93).

Une autre méthode de transformation de fibroblastes humains en iPS est l'utilisation de facteurs chimiques permettant la modulation du statut épigénétique des cellules tels que l'acide valproïque, un inhibiteur des histones désacétylases. Ainsi la reprogrammation des fibroblastes humains traités à l'acide valproïque serait faisable par transfection seulement des deux gènes de transcription *OCT4* et *SOX2*, éliminant ainsi le risque tumorigène induit par *MYC* et *Klf4* (99) (Figure 10).

De même, les cellules souches pluripotentes peuvent être directement induites par les protéines recombinantes OCT4, SOX2, KLF4 et MYC qui sont capables de pénétrer le cytoplasme des cellules somatiques. Les cellules ainsi générées sont nommées piPS (protein induced Pluripotent Stem cells). Des piPS obtenues à partir de fibroblastes différenciés d'embryon de souris ont acquis des propriétés d'auto-renouvèlement et de différenciation pluripotent *in vitro* et *in vivo* (266).

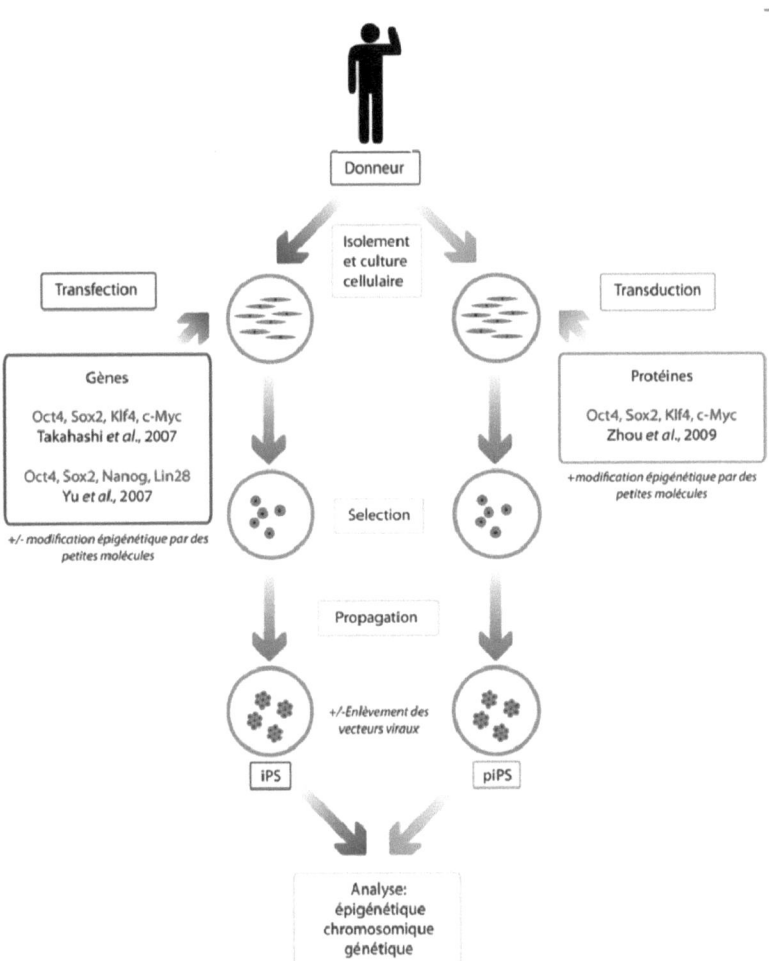

Figure 10: Obtention des cellules souches pluripotentes induites (iPS). L'introduction dans des cellules humaines des facteurs de reprogrammation a été réalisée par transfection de vecteurs rétroviraux portant les gènes *OCT4, SOX2, KLF4* et *C-MYC* ou *OCT4, SOX2, NANOG et LIN28*. La sélection puis la propagation des cellules reprogrammées sont nécessaires pour générer des iPS. Une autre méthode d'obtention de cellules reprogrammées est l'introduction directe des protéines recombinantes Oct4, Sox2, Klf4 et C-Myc. piPS, protein-induced pluripotent stem cells. (adapté de (194)).

III.3. LES CELLULES SOUCHES ADULTES

Les cellules souches adultes assurent l'homéostasie c'est-à-dire le maintien physiologique d'un organe ou d'un tissu en remplaçant les cellules mortes naturellement ou après une lésion et en assurant ainsi la pérennité de la fonction de l'organe durant la vie de l'individu. Elles doivent répondre à deux critères biologiques que sont l'auto-renouvèlement et la capacité à se différencier.

III.3.1 NOTION DE NICHES DES CELLULES SOUCHES ADULTES

Le microenvironnement local ou niche affecte directement le comportement des cellules souches tissulaires [161]. Des facteurs environnementaux sont connus pour influencer la survie, la quiescence, l'auto-renouvèlement ou la différenciation des cellules souches, tels que les protéines de la matrice extra-cellulaire, le contact direct avec les cellules voisines, une potentielle innervation de la zone ou l'exposition à des facteurs physiques et de sécrétion [161, 162]. Ainsi, les niches sont des structures hautement dynamiques, très régulées et présentes en nombre limité.

Les cellules souches adultes ont été décrites dans l'épiderme (191), le système nerveux central (72), l'intestin (23), les os (20), le foie (257), le pancréas (179), le muscle lisse, le muscle squelettique (182), le muscle cardiaque (122), les glandes mammaires (51), la cornée (146), les glandes salivaires (166), les tendons (197), la membrane synoviale (47), la pulpe dentaire (82), le thymus (17), le cartilage (190), le tissu adipeux (269), l'épithélium amniotique (164) et l'épithélium pulmonaire (111). Ces cellules sont très rares: de 1 à 1,5 cellules/ 10000 dans la moelle osseuse (246), de 1 à 2 cellules/ 10000 dans le poumon fœtal humain (111), de 1/ 6000 dans les bronchioles et de 1/ 30000 dans les alvéoles d'un individu adulte (111).

III.3.2 PLASTICITE DES CELLULES SOUCHES ADULTES

Les cellules souches adultes, définies par leurs capacités d'auto-renouvèlement et de différenciation, ont été initialement considérées comme spécifiques aux organes. Mais, au cours des dix dernières années de nombreuses études ont rapporté la capacité de trans-différenciation de divers types cellulaires. Les cellules souches hématopoïétiques peuvent se trans-différencier en cellules épidermiques, épithéliales pulmonaires (56), intestinales (251), rénales (128), hépatiques (247), musculaires (66) ou endothéliales (212).... Les cellules souches musculaires ou du système nerveux central sont capables de se trans-différencier en cellules de la lignée sanguine (239).

Cependant, le concept de trans-différenciation est partiellement remis en cause puisque dans certains cas, il existe un phénomène de fusion d'une cellule souche exogène avec une cellule différenciée (226, 254). Chez la souris, la co-culture des cellules souches embryonnaires et de cellules nerveuses aboutit à la formation de cellules hybrides tétraploïdes exprimant des marqueurs spécifiques aux cellules nerveuses et présentant les caractéristiques d'auto-renouvèlement et de différenciation des cellules souches embryonnaires (259). Le mécanisme de fusion cellulaire pourrait constituer un moyen de réparation des tissus lésés.

III. 4 LES CELLULES SOUCHES TUMORALES

Actuellement, deux modèles majeurs de propagation des tumeurs qui ne sont pas mutuellement exclusif sont décrits: Le modèle d'évolution clonale aléatoire et le modèle des cellules souches tumorales définit comme hiérarchique (31). Le modèle d'évolution clonale propose qu'une seule cellule soit à l'origine de la tumeur. La progression tumorale serait ainsi due à la variabilité génétique acquise au sein du clone original permettant une sélection des cellules les plus agressives (160). Le modèle des cellules souches tumorales définit comme hiérarchique est basé sur l'hypothèse, que les cellules tumorales seraient hétérogènes au sein des tumeurs et que seul le sous-ensemble des cellules souches présenterait la capacité de proliférer et à former de nouvelles tumeurs (31, 249). Des données récentes suggèrent qu'une sous-population relativement rare de cellules souches tumorales présente la capacité unique d'initier et d'induire la propagation tumorale (238). Ces cellules ont été identifiées et isolées dans diverses tumeurs (2, 43, 88, 209) dont les cancers pulmonaires (61) et sont définies comme les cellules cancéreuses possédant la capacité de donner naissance à des tumeurs *in vitro* et *in vivo*. Les cellules souches tumorales présentent des caractéristiques communes aux cellules souches embryonnaires et aux cellules souches adultes dont l'auto-renouvèlement et la capacité de différenciation multipotente (109, 136). L'auto-renouvèlement des cellules souches tumorales entraîne la formation de tumeurs et leur différentiation contribue à l'hétérogénéité cellulaire au sein d'une tumeur (31, 249).

Les populations de cellules souches tumorales sont établies dans des niches spécifiques qui contrôlent normalement la régénération, l'entretien et la réparation des tissus (199). Ces cellules semblent dériver de cellules souches normales qui ont acquis les mutations leur permettant d'échapper au contrôle de leur niche. Les niches des cellules souches tumorales sont capables de moduler le pouvoir de prolifération de ces cellules en favorisant leur division symétrique et donc l'expansion des tumeurs. La voie EGFR jouerait un rôle dans la prolifération anormale de ces cellules (268). La surexpression d'EGFR dans les cellules souches tumorales corrèle avec l'expansion des tumeurs (268). L'inhibition de l'activité de la tyrosine kinase de l'EGFR entraine la régression des tumeurs et favorise la division asymétrique des cellules souches tumorales en cellules tumorales ce qui présente un modèle préclinique pour l'élimination des niches de cellules souches (268).

L'expansion tumorale pourrait résulter d'altérations des cellules souches ou de leur niche. L'altération des cellules souches tumorales pourrait induire l'arrêt de leur auto-renouvèlement au sein de leurs niches spécifiques et d'activer des niches alternatives de cellules souches pour induire un cancer. Une niche de cellules vasculaires par exemple, semble contribuer à la formation de certaines tumeurs du cerveau en initiant la génération de cellules souches tumorales et leur prolifération (29, 144). Les cellules vasculaires contrôlent le gradient d'O_2 au sein des niches tumorales (170). Le mécanisme de ce contrôle reste inconnu, mais la disponibilité d'O_2 présente un rôle direct dans la régulation des cellules souches par le biais de la modulation d'*HIF-1α* (Hypoxia Inducible Factor 1, alpha subunit) de la voie Wnt / β-caténine (144). La modulation d'*HIF-1α* entraine l'activation de cette voie et l'expression de la β-caténine et des effecteurs LEF-1 (Lymphoid Enhancer Factor-1) et TCF-1 (T-Cell Factor-1) (144). Donc, si les cellules souches tumorales dépendent du microenvironnement des niches de cellules souches normales voisines alors ces niches normales pourront être des cibles potentielles pour le traitement des tumeurs.

Les cellules souches tumorales du cancer du sein dans des modèles *in vitro* sont résistantes aux radiations (48) et à la chimiothérapie (130) ce qui pourrait expliquer leur rôle potentiel dans la récurrence des tumeurs. Ces résultats suggèrent que les différents traitements peuvent ne pas être très adéquat pour l'éradication des cellules souches tumorales *in vivo* (13). Une hypothèse propose que l'ADN de cellules souches tumorales serait plus résistant aux traitements chimiques ou radiologiques que l'ADN de cellules différenciées (142, 264). Ces cellules souches tumorales présentent des capacités préférentielle de réparation de leur ADN après traitement (12). La réparation de l'ADN est activée par un complexe protéique « damaged DNA factor/ preincision complex » qui localise la zone endommagée et active le complexe ERCC1/XPF (Excision Repair Cross-Complementation Group 1/ Xeroderma Pigmentosum complementation group F). Ce complexe est responsable du déroulement de l'hélice de l'ADN et permet à l'ADN polymérase de re-synthétiser le fragment dégradé (142). Les traitements des tumeurs activent préférentiellement les points de contrôles de la réparation de l'ADN des cellules souches tumorales tout en activant les kinases ChK1 et ChK2 responsables de la mitose cellulaire (12).

Le modèle d'évolution clonale aléatoire des tumeurs à partir de plusieurs mutations aléatoires et sélections clonales n'est pas suffisant pour expliquer complètement la biologie des tumeurs. L'hypothèse de l'implication de cellules souches tumorales apporte d'autres éléments de compréhension du mécanisme de formation des tumeurs. La carcinogenèse implique l'acquisition et l'accumulation de mutations génétiques et épigénétiques se développant sur de nombreuses années. Les sous populations de cellules souches au sein des tumeurs semblent être un référentiel de sauvegarde de toutes ces mutations. L'auto renouvèlement des cellules souches tumorales entraine le maintien des mutations génétiques et la différenciation de ces cellules pourrait expliquer l'hétérogénéité des cellules cancéreuses (189).

Marqueurs de cellules souches tumorales

Certaines protéines cellulaires sont des marqueurs spécifiques permettant de caractériser les cellules souches tumorales. Parmi celles-ci, la molécule **CD34** est un antigène de surface exprimé par les cellules endothéliales et hématopoïétiques et est détecté dans plusieurs types de leucémie (195). La protéine CD44 est une glycoprotéine exprimée à la surface des cellules endothéliales et les cellules mésenchymateuses jouant un rôle dans l'adhésion cellulaire et l'activation de lymphocytes (8). Cette protéine est détecté dans les cancers du sein (2). La protéine **CD133 ou Prominine-1** est détectable dans un large spectre de cancer y compris les cancers pulmonaires (61, 229). CD133 est une protéine de surface jouant un rôle dans l'activation et le maintien des cellules souches (262), ainsi que dans l'adhésion entre cellules (222). L'ALDH 1 (Aldehyde dehydrogenase 1 family), membre de la famille des ALDH qui métabolise une grande variété d'aldéhydes endogènes et exogènes (260) est fortement exprimée dans divers types de cellules souches et progénitrices tumorales (77, 98, 106, 108). Cette enzyme pourrait être utilisée comme un marqueur de certains types de cellules souches tumorales y compris dans les cancers pulmonaires (106).

IV. LES CELLULES SOUCHES ET PROGENITRICES DE L'EPITHELIUM PULMONAIRE

L'épithélium des voies aériennes est soumis à des particules chimiques inhalées et à des agents pathogènes à l'origine de diverses inflammations comme la bronchite chronique, l'asthme et la BPCO (Bronchopneumopathie chronique obstructive)... Ces pathologies sont généralement associées à des changements dans l'organisation cellulaire et le remodelage de la structure épithéliale, voir dans certains cas à une dénudation complète de la membrane basale avec une altération de l'épithélium bordant les voies respiratoires (40).

Pour restaurer ses fonctions, l'épithélium respiratoire doit rapidement se réparer et régénérer sa structure. La régénération est un processus complexe qui se déclenche suite à une lésion. Des cellules épithéliales souches quiescentes et des cellules progénitrices s'activent pour couvrir la zone dénudée (59). Ces cellules migrent vers la zone de réparation et commencent à proliférer. Elles subissent une différenciation progressive afin de restaurer la fonction et les différents types cellulaires de la zone agressée (25, 59). Le mécanisme de régénération de l'épithélium respiratoire a été largement étudié chez la souris et le rat. Après lésion de leur épithélium bronchique, des foyers de cellules en prolifération active ont été observés aux alentours des canaux glandulaires présentant ainsi la première preuve de l'existence de niches de cellules souches au sein du poumon (25). L'observation de cellules dans les canaux glandulaires, les régions trachéo-bronchiques (42), inter-cartilagineuses (42), bronchiolaire (62, 94, 95) et bronchioloalvéolaires (112), retenant à long terme le marquage au bromodésoxyuridine (Brdu), suggère la présence de cellules souches maintenues à l'état quiescent au sein de certaines niches spécifiques dans le poumon (Figure 11).

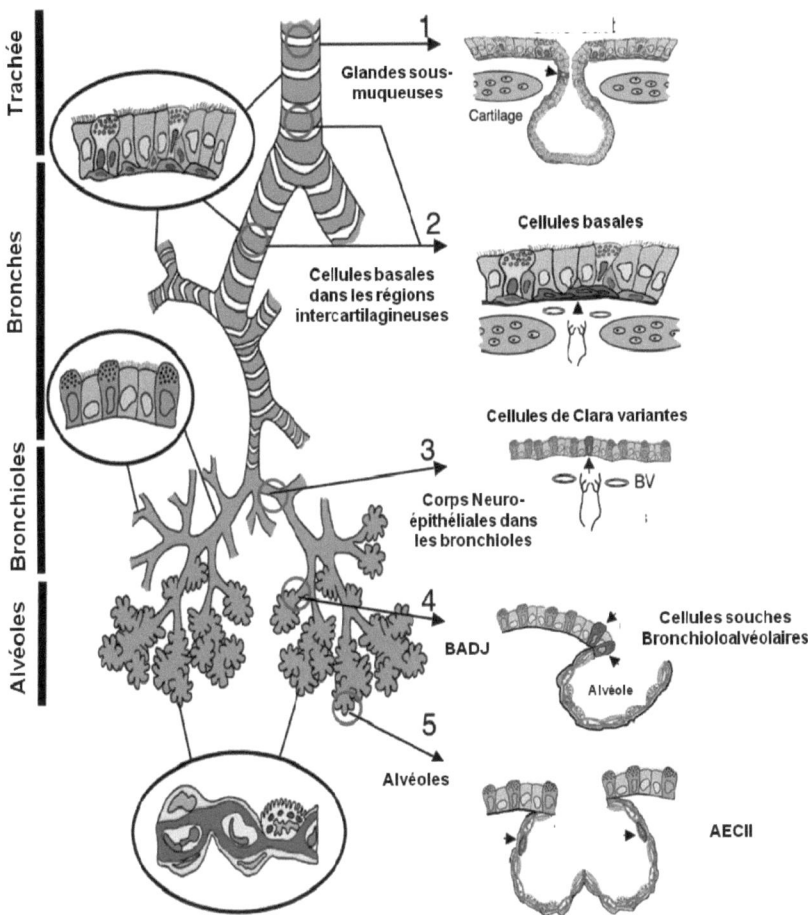

Figure 11 : Les niches des cellules souches dans l'épithélium pulmonaire murin. 1) Cellules basales bordant les canaux des glandes de la sous-muqueuse. 2) Cellules basales de l'épithélium trachéo-bronchique dans les zones cartilage- intercartilage. 3) Cellules de Clara variantes dans les corps neuro- épithéliaux. 4) BASC au niveau des jonctions bronchio-alvéolaires. 5) AEC II dans les alvéoles (Adapté de (135)).

IV.1. LES CELLULES SOUCHES ET LES CELLULES PROGENITRICES DE L'EPITHELIUM TRACHEO-BROCHIQUES

L'étude des cellules souches et progénitrices de l'épithélium trachéo-bronchique révèle la contribution de deux types cellulaires distincts dans le maintien et le renouvèlement de cette zone de l'arbre respiratoire. Après divers agressions de l'épithélium trachéo-bronchique par des agents chimiques tels que le polydocanol (24), l'ozone (63), le dioxyde d'azote (62, 63), le dioxyde de soufre (24) ou le naphtalène (218) ou par agression mécanique (205), les cellules basales et les cellules de Clara ont montré un potentiel de prolifération et de réparation de l'épithélium agressé.

IV.1.1. LES CELLULES BASALES

Des foyers de cellules basales exprimant les cytokératines 5, 14 et 18 bordent les canaux des glandes de la sous muqueuse au niveau de la trachée proximale et dans les zones cartilage-intercartilage et sont considérées comme niches de cellules souches au sein des voies aériennes trachéo-bronchiques murines (24). Expérimentalement, ces cellules retiennent le marquage au BrdU pour une centaine de jours après la lésion de l'épithélium trachéo-bronchique et sont caractérisées de LRC (label-retaining cells). Cette capacité à retenir le BrdU est une caractéristique des cellules souches qui se divisent lentement et de façon illimitée (24) Chez des souris transgéniques exprimant la protéine EGFP (Enhanced Green Fluorescent Protein) sous le contrôle du promoteur du gène de la cytokératine 5 (KRT5), les cellules basales trachéales exprimant la GFP et présentes dans les niches de LRC, montrent une croissance clonale *in vitro* (200).

De même, après l'ablation des cellules de Clara par l'exposition de souris au naphtalène, les cellules basales s'activent, prolifèrent et sur-expriment la cytokératine 14. Au bout de 6 jours, la réapparition des cellules de Clara suggère la capacité de différenciation des cellules basales en cellules de Clara (95).

IV.1.2. LES CELLULES SECRETRICES OU CELLULES DE CLARA

Le rôle potentiel des cellules de Clara en tant que cellules progénitrices de l'épithélium trachéo-bronchique a été suggéré dès 1987 (96). Dans la trachée des souris, suite à la lésion des cellules ciliées par exposition au NO_2, seules les cellules de Clara étaient capable de se diviser (64) et de contribuer à la réparation de l'épithélium trachéal murin en augmentant leur capacité de prolifération (180). Ces observations suggèrent que les cellules de Clara peuvent être des cellules progénitrices (180). Suite à l'induction expérimentale de lésions par le naphtalène, il a été montré que les cellules basales se différencient en cellules de Clara progénitrices multipotentes avec une diminution de l'expression de *TRP63* (Transformation Related Protein 63), *NGFR (*Nerve Growth Factor Receptor), *cytokératine 5* et une surexpression *cytokératine 8*. (192). Les cellules de Clara ainsi générées suite à la différenciation des cellules basales, prolifèrent et génèrent des cellules ciliées (147, 192). Ainsi, les cellules souches trachéo-bronchiques représentent une population de cellules basales qui s'auto-renouvellent et qui se différencient en cellules de Clara progénitrices chez la souris et l'homme (192).

IV.2. CELLULES PROGENITRICES DE L'EPITHELIUM BRONCHIOLAIRE

La première mise en évidence d'une niche de cellules souches bronchiolaires a été rapportée chez la souris après induction de lésions bronchiolaire par le naphtalène (186). Une population résistante au naphtalène a été identifiée au niveau des corps neuro-épithéliaux bronchiolaires et était capable de s'activer, de proliférer et de restaurer l'épithélium bronchiolaire (94,

186). Cette population résistante au naphtalène a été subdivisée en cellules de Clara variantes CCSP^{pos} (186).

Il existe une population de cellules CCSP^{pos} n'exprimant pas le cytochrome P450-2F2 et résistante au naphtalène (186) Le cytochrome P450-2F2 métabolise le naphtalène en produisant un composé hautement toxique induisant la mort des cellules P450-2F2^{pos}.. Il a été mis en évidence d'autre part, une population de cellules souches neuro-endocrines CCSP^{pos}/ CGRP^{pos} (Calcitonin Gene Related Peptide) (186). D'autre part, certaines cellules ciliées initialement considérées comme différenciées se sont révélées aptes à s'étaler rapidement suite à la l'élimination des cellules de Clara par le naphtalène afin de maintenir l'homéostasie tissulaire (186). Ces cellules ciliées sur-expriment les gènes *catenine*, *FOXA2* (Forkhead box A2), *FOXJ1* (Forkhead box J1), *SOX17* (SRY (sex determining region Y)-box 17) et *SOX2* (SRY (sex determining region Y)-box 2), prolifèrent et se différencient en cellules de Clara et cellules ciliées participant ainsi au maintien de la barrière épithéliale (169).

L'épithélium bronchiolaire est donc maintenu par trois types de cellules: les cellules de Clara ou cellules d'amplification transitoire, les rares cellules souches bronchiolaires CCSP^{pos}/CGRP^{pos} localisées dans les corps neuro-endocrines et certaines cellules ciliées (74, 180).

IV.3. CELLULES SOUCHES DE LA JONCTION BRONCHIOLO-ALVEOLAIRE

Divers travaux suggèrent une origine commune des cellules de Clara et des AEC II. L'existence de rares cellules de Clara présentant des corps lamellaires a été décrite chez les hamsters au niveau des jonction bronchio-alvéolaires (104). Une population de cellules épithéliales pulmonaires embryonnaires co-exprimant les protéines CCSP et SP-A et capable de générer des populations de cellules épithéliales bronchiolaires et alvéolaire a été mise en évidence chez la souris (253). En 2002, une niche de cellules souches a été observée au niveau de la jonction bronchiolo-alvéolaire murine (75). Ces cellules expriment la protéine CCSP, résistent aux polluants chimiques et contribuent à la restauration épithéliale après lésion (75). Une sous-population de cellules de Clara CCSP^{pos} a été décrite au niveau de la jonction bronchiolo-alvéolaire (75) Cette population particulière exprime également la protéine SP-C, *Sca-1* (Stem Cell Antigen 1), et CD34 (112). En 2013 des niches similires formées de très rare cellules souches exprimant CCSP, SPC et CD34 on été décrites au sein du poumon des ovins nouveau nés (7). Ces cellules CCSP^{pos}/SP-C^{pos} expriment Bmi 1, OCT4 et NANOG (7) et sont capables de proliférer *in vivo* en réponse à des lésions de l'alvéole induites par la bléomycine ou de la bronchiole induites par le naphtalène (112). Elles présentent une capacité d'auto-renouvèlement et de différenciation multipotente en cellules de Clara CCSP^{pos}/SP-C^{neg} et AEC II CCSP^{neg}/SP-C^{pos} *in vivo* (7,112). Ces cellules souches sont définies chez la souris comme des cellules souches bronchioloalvéolaires ou BASC (BronchioloAlveolar Stem Cells) et chez les ovins comme les cellules progéniteurs pulmonaires ovins (figure 12).

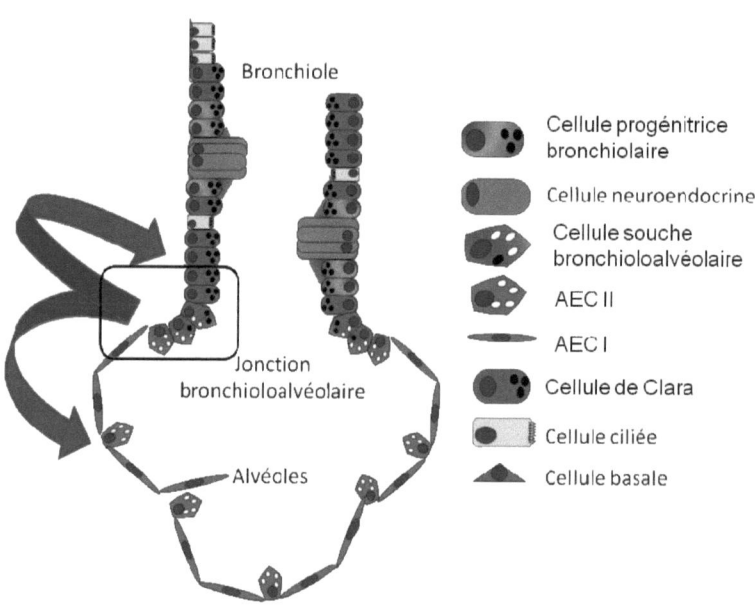

Figure 12 : Les cellules souches bronchioloalvéolaires. Les jonctions bronchioloalvéolaires localisées entre les bronchioles terminales bordées de cellules de Clara et l'espace alvéolaire composé d'AECI aplatis et d'AECII cuboïdales présentent une niche de cellules souches nommés cellules souches bronchioloalvéolaires.

IV.4. CELLULES PROGENITRICES DE L'EPITHELIUM ALVEOLAIRE

Les AECI ont longtemps été considérées comme des cellules en différenciation terminale. Pourtant, ces cellules présentent une plasticité phénotypique *in vitro* et sont capables d'exprimer des protéines spécifiques des AECII comme SP-C et des cellules de Clara comme CCSP (79). Les AEC I issus de poumons de rats adultes sont capables de proliférer *in vitro* et de former des colonies exprimant OCT4, un marqueur de cellules souches embryonnaires. Ceci suggère un rôle possible des AEC I dans le maintien et la réparation épithéliale après lésion (79).

Après des lésions pulmonaires induites par une hyperoxie, l'activité de télomérase est détectable dans les AEC II au cours de la régénération épithéliale (53). In vivo, l'incorporation de thymidine tritiée suite à une lésion alvéolaire par le NO_2 montre la prolifération des AEC II ainsi que leur capacité à migrer et à s'allonger le long de la lame basale dénudée, puis de se différencier en AEC I (63). Deux sous populations d'AECII ont été identifiées dans les alvéoles murines en fonction de la présence ou non d'E-Cadhérine. Les AEC II exprimant fortement l'E-Cadhérine ne résistent pas aux lésions alvéolaires induites par l'hyperoxie et présentent une faible activité télomérase. A l'inverse, les AEC II n'exprimant pas l'E-Cadhérine sont résistantes aux lésions, et ont une capacité de prolifération in vitro et une forte activité télomérase (181). Ces AEC II exprimant l'E-Cadhérine sont responsables de la réparation épithéliale alvéolaire et sont considérées comme des cellules progénitrices d'AEC II et AEC I (181).

IV.5. LES CELLULES C-KIT

La protéine c-kit est un récepteur tyrosine-kinase localisé à la membrane de différents types de cellules dont les cellules souches. Il joue un rôle important dans la mobilisation des cellules souches et dans la réponse immunitaire lors de lésions tissulaires tout en activant les voies d'inflammation qui activent les cellules souches et les lymphocytes NK (Natural Killer) responsable de l'immunité innée (11). Une étude récente a montré la présence de cellules c-kit^{pos} au sein du poumon humain présentant des caractéristiques de cellules souches, d'auto-renouvèlement et de différenciation in vivo et in vitro (111). Ces cellules expriment les gènes de pluripotence NANOG, OCT4, SOX2 et KLF4 (Krueppel-like factor 4) et sont capables de générer différentes populations de cellules épithéliales pulmonaires *in vitro* exprimant SPC, CC10 et pan cytokératines. Les cellules pulmonaires humaines exprimant c-kit lorsqu'elles sont greffées chez la souris ont le pouvoir de recréer des bronchioles, des alvéoles et des vaisseaux pulmonaires. Cette étude montre pour la première fois l'existence de cellules multipotentes au sein du poumon humain et suggère le rôle crucial des cellules exprimant c-kit dans l'homéostasie et la régénération des différents tissus pulmonaires (111).

IV.6. LA "SP" (SIDE POPULATION)

Une population particulière de cellules a été identifiée par sa capacité à exclure le Hoeschst 3342, un intercalant de l'ADN, par l'intermédiaire de la protéine transmembranaire Bcrp1 (Breast Cancer Resistance Protein 1) de la famille des transporteurs ABC (ATP-Binding Cassette transporter) (267). Cette population dénommée SP (Side Population) est présente dans divers organes dont la moelle osseuse, le muscle squelettique, la glande mammaire, le testicule, la rétine, la peau, le cœur, le cerveau ou le foie (80). Cette population a aussi été mise en évidence au niveau de l'épithélium pulmonaire murin (187, 219). La SP pulmonaire est séparée en deux groupes en fonction de l'expression de l'antigène de surface CD45 présent sur les leucocytes, lymphocytes, monocytes, granulocytes et thymocytes. On distingue une sous-population CD45^{pos} d'origine hématopoïétique (36) capable de se différencier uniquement en cellules hématopoïétiques et une sous-population CD45^{neg} non-hématopoïétique (36, 76). Les cellules CD45^{neg} expriment la vimentine (VIM) spécifique des cellules d'origine mésenchymateuse, CCSP et SCA-1. Elles peuvent se différencier en cellules bronchiolaires ou alvéolaires comme les cellules de Clara variantes présentes dans les corps neuro épithéliaux et les jonctions bronchioloalvéolaires. Ceci suggère que la SP pulmonaire non-hématopoïétique CD45^{neg}/ VIM^{pos}/ CCSP^{pos}/ SCA1^{pos} pourrait être enrichie en cellules souches épithéliales (76).

La SP pulmonaire CD45^{neg} représente 0,12% ±0.01 de l'ensemble des cellules épithéliales chez l'homme (84). Ces cellules expriment la pan-cytokératine (84) et surexpriment les protéines ABCG2 (ATP-binding cassette, sub-family G, member 2), FGF1 (Fibroblast Growth Factor 1), IGF1 (Insulin-like Growth Factor 1), MYC *define page 16* (v-myc Myelocytomatosis viral oncogene homolog), SOX1 (SRY (sex determining region Y)-box 1), WNT1 (196) et présentent une activité télomérase et une stabilité de la longueur de ses télomères. Cette population est capable de proliférer et montre une forte capacité clonogénique sans se différencier *in vitro*. Elle est aussi capable de régénérer un épithélium différencié composé de cellules basales, de cellules ciliées et de cellules Clara *in vitro* dans des conditions en interface air-liquide (84).

V. REGULATION MOLECULAIRE DES CELLULES SOUCHES DE L'EPITHELIUM RESPIRATOIRE

L'épithélium respiratoire est capable de se réparer et de se régénérer *via* différentes populations de cellules souches localisées le long de l'appareil respiratoire. L'activation de ces cellules est induite par un mécanisme moléculaire complexe.

La voie de signalisation NOTCH est impliquée dans la régulation et la différenciation des cellules souches dans les glandes mammaires, la peau ou le système nerveux (154, 237). Cette voie est activée par l'interaction des ligands de la famille Delta et Jagged avec les récepteurs transmembranaires NOTCH. La partie intracellulaire du récepteur NOTCH subit deux clivages protéolytiques et va être transporté dans le noyau pour s'associer au répresseur transcriptionnel RBPJK (Recombination Signal Binding Protein for immunoglobulin Kappa J region-like). Ce complexe active la protéine MAML1 (Mastermind-Like 1) qui va convertir RBPJK en activateur transcriptionnel, permettant la transcription de gènes impliqués dans l'auto-renouvellement ou l'inhibition de la différenciation (55) (figure 13). Au cours du développement pulmonaire, NOTCH s'active dans l'épithélium et le mésenchyme (153). Au niveau épithélial, NOTCH régule le développement et la régénération des cellules de Clara et des cellules ciliées (153). La Y sécrétase, un agoniste de la voie de signalisation Notch, augmente le nombre des cellules neuro-endocrines et diminue le nombre des cellules ciliées (83).

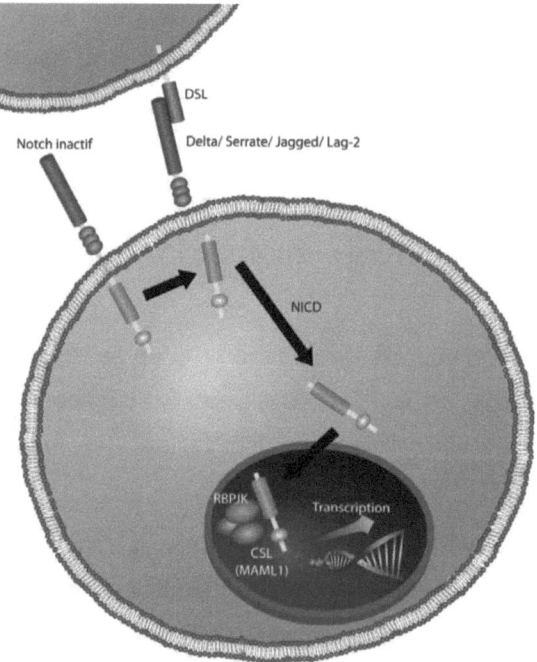

Figure 13 : Représentation schématique de la voie NOTCH

La voie Wnt/ β-caténine joue un rôle essentiel dans la régulation du développement pulmonaire (155). L'activation de cette voie débute par la fixation d'un ligand de la famille Wnt sur les récepteurs transmembranaires Frizzled et LRP (low density Lipoprotein Receptor-related Protein). L'activation de la voie Wnt par la β-caténine permet aux cellules souches hématopoïétiques de se maintenir à un stade immature (114, 184) (figure 14). La β-caténine assure l'augmentation du nombre de cellules souches bronchiolaires chez la souris en freinant leur différenciation (185, 188). La voie WNT/ β-caténine ne semble pas nécessaire dans la maintenance et la réparation de l'épithélium bronchiolaire. Aucune différence significative de pouvoir réparateur des cellules de Clara, de leur index mitotique, de leur sensibilité au naphtalène ou de restauration de la population des cellules ciliées n'a été observée entre des souris KO β-caténine et normales (263).

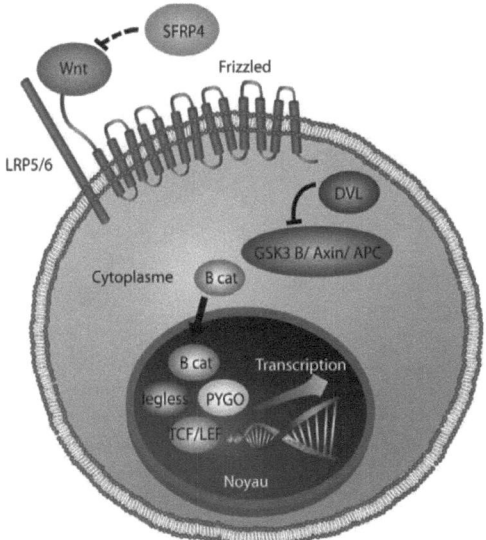

Figure 14 : Représentation schématique de la voie WNT

Les facteurs de transcription de la famille SOX sont impliqués dans le développement des métazoaires et des mammifères en contrôlant des étapes de prolifération et de différenciation cellulaires dans de nombreux tissus (175). Les protéines SOX sont également impliquées dans la régulation des cellules souches épithéliales respiratoires. Le gène *SOX-17* inhibe la voie de signalisation TGF-β/ SMAD3 (Mothers Against Decapentaplegic homolog 3) et induit la prolifération et la différenciation des cellules progénitrices alvéolaires en cellules épithéliales bronchiolaires (120) (figure 15). Une perte progressive des cellules ciliées, des cellules de Clara et des cellules caliciformes est observée dans les souris KO pour SOX- (230). Cette perte est associée à l'incapacité des cellules Clara progénitrices à se multiplier et à assurer l'homéostasie tissulaire en réponse à l'altération (230).

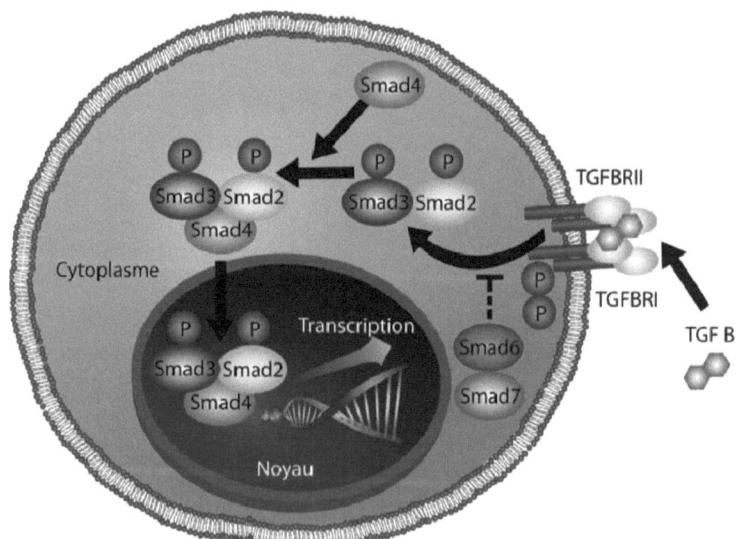

Figure 15 : Représentation schématique de la voie TGF-β/ SMAD3

La répression du gène BMI1 (B lymphoma Mo-MLV insertion region 1 homolog) entraine une diminution de la capacité proliférative et d'auto-renouvèlement des BASC suite à l'altération de l'épithélium bronchioloalvéolaire chez la souris (52). La délétion du gène *PTEN* (Phosphatase and TENsin homolog) induit la prolifération des cellules progénitrices respiratoires et affecte la différenciation des cellules ciliées (228). La répression du facteur de transcription *GATA-6* (GATA binding Factor 6) qui joue un rôle essentiel dans la différenciation des cellules souches aboutit à une expansion des cellules souches en limitant leur capacité à se différencier (4).

VI. Les cellules souches tumorales pulmonaires

Selon l'IASLC (International Association for the Study of Lung Cancer), l'ATS (American Thoracic Society) et l'ERS (European Respiratory Society), les cancers du poumons se divisent en deux groupes[2]: Les **CBPC** (cancer bronchique à petites cellules) et les **CBNPN** (cancer bronchique non à petites cellules) (67, 231) Environ 15% des tumeurs pulmonaires sont des CBPC et apparaissent dans les bronches. Les CBNPC se divisent en trois types histologiques: les adénocarcinomes, le carcinome squameux et les carcinomes à grandes cellules. Les adénocarcinomes représentent environ 40% des CBNPC et apparaissent habituellement dans les tissus pulmonaires périphériques (44). Les carcinomes squameux représentent 25% des cancers pulmonaires et sont généralement situés dans la bronche centrale. Les carcinomes à grandes cellules semblent dériver des cellules neuroendocrines et peuvent être observés en combinaison avec d'autres types de CBNPC (189). Il est estimé que le tabagisme cause 90% des cancers du poumon (44, 189). Différents types de modifications génétiques ont été décrites dans les tumeurs

---

[2] pour information http://www.pathologyoutlines.com/lungtumor.html

pulmonaires comme les anomalies chromosomiques (256), l'activation du complexe télomérase (91) et les mutations d'oncogènes ou de gènes suppresseurs de tumeur comme *P53* (Tumor Protein p53) *RB1* (RetinoBlastoma 1), *CDKN2A* (Cyclin-Dependent Kinase Inhibitor 2A), *KRAS* et *EGFR* (Epidermal Growth Factor Receptor) (189). Certains de ces gènes peuvent être utilisés comme marqueurs de progression de la maladie, d'autres peuvent avoir un rôle direct dans la genèse des cancers pulmonaires (6) L'altération des composants de l'épithélium de l'appareil respiratoire associé à des lésions pulmonaires aiguës ou chroniques augmentent de manière significative le risque de développer un cancer pulmonaire (157, 189).Les cellules de Clara variantes et les cellules neuroendocrines ont été proposées comme les cellules à l'origine des cancers broncho-pulmonaires (186). Des cellules souches tumorales pulmonaires pourraient émerger de progéniteurs tels des cellules de Clara variantes ou des cellules différenciées ayant acquis une capacité d'auto-renouvèlement comme des cellules neuroendocrines (238). Ces phénomènes sont soutenus par les hypothèses de la plasticité des cellules souches, qui est définie comme la capacité à franchir la barrière des lignées cellulaires différenciées et à adopter les phénotypes d'autres types cellulaires (57), ainsi que par l'hypothèse de la trans-différenciation (69).

L'hétérogénéité phénotypique observée entre les différents types de tumeurs pulmonaires suggère que l'environnement histologique de la tumeur affecte profondément le destin des cellules cancéreuses (148) et le programme de développement des cellules d'une lignée spécifique peut être modifié en changeant les signaux dans l'environnement local (163).

Les cellules pulmonaires tumorales humaines ont été mises en évidence en utilisant différentes approches. L'isolement des cellules souches tumorales est basé sur le phénotype ou sur les caractéristiques fonctionnelles de ces cellules.

La SP ayant une une capacité de restauration de l'épithélium s'est avérée résistante à la chimiothérapie dans les cancers pulmonaires (92, 196, 219, 221). La surexpression de la télomérase, suggère que la SP pulmonaire pourrait représenter une source de cellules souches tumorales avec un potentiel prolifératif illimité (92, 196, 219, 221). Des cellules souches tumorales peuvent être aussi identifiées et isolées par tri cellulaire utilisant le marqueur de surface cellulaire CD133 ou prominine-1 (115). CD133 est exprimé dans les cellules souches hématopoïétiques, endothéliales, neurales et dans de nombreuses tumeurs telles que les tumeurs cérébrales et pulmonaires (208). Le manque de marqueurs des progéniteurs pulmonaires représente le problème majeur d'isolement des cellules souches tumorales pulmonaires. Les marqueurs connus comme CD133, ABCG2 (ATP-Binding Cassette sub-family G member 2) et IL-6R (Interleukin 6 Receptor) (258), ne sont pas toujours efficaces pour trier pour la population de cellules souches tumorales (60). Une autre méthode d'isolement des cellules souches pulmonaire tumorale, repose sur l'activité accrue de l'ALDH (Aldéhyde déshydrogénase). Cette enzyme est responsable de l'oxydation intracellulaire des aldéhydes et est surexprimée dans les cellules souches et les cellules souches tumorales (77). Des cellules souches tumorales résistantes à la chimiothérapie ont été isolées après traitement *in vitro*. Ces cellules expriment CD133, CD117, SSEA-3, TRA1-81, OCT-4 et la -caténine (124). L'expression de ces marqueurs a permis la sélection de cellules souches tumorales ont permis l'élaboration de lignées cellulaires tumorales amplifiables *in vitro* et formant des sphères tumorales. Ces cellules souches tumorales présentent un potentiel clonogénique, des capacités d'auto-renouvellement, de génération d'une descendance différenciée et une tumorigénicité élevée *in vivo chez les souris* (61). Les cellules CD133^{pos} isolées des tumeurs présentent aussi les caractéristiques d'autorenouvèlement et de différenciation des cellules souches *in vitro* et *in vivo* (19, 38).

VI.1. Initiation moléculaire du developpement des cellules souches tumorales pulmonaires

Des dérégulations transcriptionnelles peuvent activer des oncogènes et/ou désactiver les gènes suppresseurs de tumeur (21). Les gènes *RUNX* (Runt-related transcription factors) par exemple, présentent des caractéristiques oncogéniques et suppresseurs de tumeurs. Ces gènes codent pour des facteurs de transcription impliqués dans le développement tissulaire normal. Beaucoup de translocations chromosomiques impliquant les gènes *RUNX* mènent à la formation de protéines de fusion oncogéniques (30). RUNX3 est un facteur de transcription essentiel dans la phase tardive du développement pulmonaire. Il est nécessaire pour le contrôle de la différenciation et de la prolifération de l'épithélium bronchiolaire (121). Sa sous-régulation par hyper-méthylation a été observée dans les adénocarcinomes pulmonaires (129, 132) et a même été proposée comme un événement précoce dans le développement des carcinomes pulmonaires en inhibant la différenciation des cellules progénitrices (121). *TTF1* (Thyroid transcription factor-1) pourrait être un oncogène spécifique des adénocarcinomes pulmonaires (118) et *BRF2* un oncogène spécifique des cancers squameux (137). OCT4 est un facteur transcriptionnel des cellules souches embryonnaires. L'inhibition d'*OCT4* induirait l'apoptose des cellules souches tumorales (97). *SOX2* contrôle l'auto-renouvèlement et la différenciation des cellules souches (105) et est impliqué dans le branchement et la morphogenèse correcte du poumon (78, 103). *SOX2* a été proposé comme un oncogène dont l'expression est essentielle dans les cellules souches tumorales pulmonaires pour induire la cancérogenèse (100, 224).

Chez l'homme c-kit s'est avéré être un promoteur de la croissance tumorale (89, 117). Les patients ayant une surexpression de *c-Kit* dans les cellules souches tumorales présentent des taux de survie inférieurs à ceux qui ne l'ont pas et montrent des phénomènes de résistance à la chimiothérapie (87). Le blocage de la voie c-Kit inhibe la prolifération et la survie des cellules souches tumorales après chimiothérapie (123).

La connaissance des voies de signalisation des cellules souches tumorales pulmonaires pourrait-mener au développement de nouvelles thérapies capables d'éliminer ces cellules. Les méthodes développées pour l'isolement des cellules souches tumorales décrits précédemment et la cohérence des données précliniques des facteurs de transcription tels que RUNX3, OCT4, SOX2, et c-Kit représentent un développement scientifique majeur pour la survie et la guérison des patients.

VII. VERS DE NOUVELLES APPROCHES THERAPEUTIQUES

Les pathologies pulmonaires ont un impact majeur en santé humaine. À ce jour, aucun traitement ne s'est avéré efficace pour restaurer les dégâts et les fonctions normales du poumon suite à certaines pathologies. Mais récemment, dans des modèles d'animaux, les cellules souches ont montré un pouvoir thérapeutique prometteur contre plusieurs pathologies pulmonaires comme la bronchite chronique obstructive (162), les pneumonies (116), la mucoviscidose (28) et l'asthme (22, 158). Basé sur des données préliminaires, des essais précliniques et cliniques sont actuellement en cours pour examiner le potentiel thérapeutique des cellules souches contre des maladies pulmonaires humaines. Actuellement, les cellules progénitrices endogènes du poumon, les cellules souches hématopoïétiques, les cellules souches mésenchymateuses, les iPS et les cellules souches embryonnaires sont sélectionnées soit pour leur effet immunomodulateur stimulant le système immunitaire soit pour leur potentiel de différenciation en cellules pulmonaires. Les cellules souches mésenchymateurses et hématopoïétiques montrent des effets immunomodulateurs (151). En outre, les cellules souches endogènes et les cellules souches embryonnaires présentent une certaine capacité de différenciation en cellules pulmonaires (198).

VII.1. LES CELLULES SOUCHES ENDOGENES

Les cellules souches endogènes pulmonaires sont les cellules souches présentes au sein de l'épithélium bronchiolaire, bronchioloalvéolaire et alvéolaire. La majorité de nos connaissances repose sur l'implication de ces cellules au cours du développement pulmonaire, dans des modèles animaux de cancers pulmonaires ou suite à des lésions épithéliales provoquées expérimentalement chez la souris. Des études précliniques montrent que la transplantation intra trachéale d'AECII réduit significativement les lésions alvéolaires induite par la bléomicine chez la souris (203). Les cellules progénitrices alvéolaires $CD133^{pos}$ injectées atténuent elles aussi les lésions alvéolaires murines (73, 151). Donc l'utilisation des progéniteurs endogènes pourrait être une alternative thérapeutique efficace dans le traitement des lésions pulmonaires. Toutefois, le défi majeur pour l'utilisation thérapeutique des cellules pulmonaires endogènes repose sur la difficulté d'isoler des cellules souches saines du poumon des individus malades vu leur nombre limité dans les tissus endommagés (151).

VII.2. LES CELLULES SOUCHES HEMATOPOÏETIQUES

De nombreuses études proposent l'utilisation de cellules souches hématopoïétiques et circulantes pour le traitement des pathologies pulmonaires. L'utilisation de cellules souches de la moelle osseuse, en particulier de cellules souches hématopoïétiques déjà utilisées dans la thérapie de leucémies, lymphomes, anémies héréditaires semble une approche prometteuse dans le traitement de certaines pathologies pulmonaires (58, 211). Ces cellules ont montré un certain degré de plasticité et sont capables de se différencier en d'autres types cellulaires dans le cerveau, le foie, le cœur (14) ou les poumons(162). Certaines études remettent en question l'efficacité de ces cellules à repeupler les organes avec un pourcentage significativement acceptable et un ciblage adéquat. Les données cliniques disponibles à l'heure actuelle sur ce sujet sont très rares et la majorité des travaux est effectuée chez les animaux (14, 46, 162).

VII.3. LES CELLULES SOUCHES MESENCHYMATEUSES

Les cellules souches mésenchymateuses sont probablement les plus étudiées parmi les cellules souches adultes. Ces cellules d'origine stromale s'auto-renouvèlent et se différencient en plusieurs lignées cellulaires. Elles peuvent être dérivées de la moelle osseuse, du sang du cordon ombilical, de la gelée de Wharton du cordon ombilical, du placenta ou du tissu adipeux (32, 49). Elles se caractérisent par l'expression de CD44, CD74, CD166, CD73, CD90, et CD105 (49). Elles se sont avérées efficaces dans le traitement des pathologies pulmonaires dans plusieurs modèles animaux. L'administration intratrachéale de cellules souches mésenchymateuses diminue l'hypertension pulmonaire induite par la monocrotaline (255). Ces cellules sont capables de réduire l'inflammation et d'augmenter la survie des cellules épithéliales alvéolaires dans des modèles de pathologies pulmonaires chroniques induites chez des souriceaux nouveaux nés comme la dysplasie bronchopulmonaire (9, 235). Les cellules souches mésenchymateuses possèdent plusieurs caractéristiques qui leur permettent d'être utilisables dans les pathologies pulmonaires. Ces cellules injectables dans l'arbre bronchique par administration intra-trachéale sont capables de migrer vers les sites de lésion. Ce mécanisme inconnu pourrait être lié à l'expression spécifique d'une grande gamme de récepteurs de chimiokines et de cytokines telles que l'IFN-γ (Interferon), IL-2 (Interleukin 2), IL-1β, et IL-4 (193).

Les cellules souches mésenchymateuses humaines sont capable d'acquérir une morphologie des cellules épithéliales lorsqu'elles sont cultivées *in vitro* avec des cellules épithéliales pulmonaires et d'exprimer des marqueurs de cellules épithéliales pulmonaires comme la protéine CC26 (Clara Cell 26 kDa) spécifique des cellules de Clara et cellules ciliées, les cytokératines 17, 18 et 19, l' E-cadhérine, la β-caténine et le CD24, une protéine d'adhésion cellulaire. ce changement morphologique pourrait être lié au pouvoir de différenciation des cellules souches mésenchymateuses en cellules épithéliales et le pouvoir de 1% de ces cellules souches à fusionner avec les cellules épithéliales pulmonaires pour créer des cellules binucléées (213). Les cellules souches mésenchymateuses humaines sont capables d'exprimer le CFTR (Cystic Fibrosis Transmembrane Conductance Regulator) lorsqu'elles sont cultivées avec des AEC. L'expression du gène *CFTR* peut être corrigée dans les cellules souches mésenchymateuses issus de patients atteints de la mucovicidose. Cela suggère le possible traitement des patient atteints de mucoviscidose avec de cellules souches mésenchymateuses endogènes corrigées *in vitro* pour l'expression de CFTR puis ré-inoculées dans le poumon (242).

Une étude récente montre que le traitement des souriceaux exposés à l'hyperoxie par injection de cellules souches mésenchymateuses induit l'augmentation significative des BASC dans le poumon par rapport aux témoins non traités (232). *In vitro*, les cellules souches mésenchymateuses murines ont un effet direct sur la prolifération des BASC. Chez des souris adultes exposées à la bléomycine et traitées avec des cellules souches mésenchymateuses, les cellules exprimant la protéine CCSP dont les BASC sont capables de restaurer les zones alvéolaires agressées plus rapidement que chez les témoins. Ce travail met en évidence le rôle potentiel des cellules souches exogènes dans l'activation des cellules souches endogènes et la réparation des lésions pulmonaires (232).

VII.4. LES CELLULES SOUCHES EMBRYONNAIRES

Peu d'études décrivent la différenciation des cellules souches embryonnaires en cellules pulmonaires. *In vitro*, des cellules souches embryonnaires humaines maintenues dans des conditions de culture de cellules épithéliales pulmonaires développent des corps lamellaires et expriment SP-C (198, 240), suggérant leur différenciation en AEC II (240). Chez la souris, les AEC II dérivées de cellules souches mésenchymateuse humaines *in vitro* sont capables de restaurer les alvéoles des souris "nude" et de se différencier en AEC I *in vivo* (241).

VII.5. LE DEFI DE LA THERAPIE CELLULAIRE DU POUMON

Les modèles animaux expérimentaux comme la souris restent souvent très éloignés de la réalité humaine. De même, les modèles expérimentaux d'altérations du poumon par des produits chimiques ou par des procédés physiques ne ressemblent souvent pas aux lésions liées aux pathologies pulmonaires humaines (152).

L'utilisation d'embryons humains surnuméraires pour des approches thérapeutiques est un sujet de débat et les considérations éthiques sont un frein au développement de ce type d'approches. Alternativement, les cellules souches mésenchymateuses issues de la moelle osseuse, du placenta ou du cordon ombilical sont plus facilement accessibles avec des enjeux éthiques moindres (45, 151).

Les manipulations génétiques des cellules souches peuvent induire des instabilités chromosomiques pouvant présenter un risque à long terme chez les malades traités. Pourtant, certaines manipulations génétiques sont nécessaires, ainsi l'acquisition de facteurs tels que OCT-4 SOX-2, KLF ou C-Myc est nécessaire pour la transformation des fibroblastes humain en iPS(223). L'utilisation de vecteurs rétroviraux à cette fin pourrait se révéler tumorigène (223).

VIII. Conclusion

L'épithélium bordant les voies respiratoires constitue une barrière de défense contre de nombreux agents pathogènes ou chimiques. Cet épithélium est souvent lésé et même parfois totalement altéré suite à des atteintes inflammatoires sévères. En réponse à ces lésions, des cellules souches endogènes s'activent afin de régénérer la structure et restaurer l'intégrité et les fonctions de défenses de l'épithélium pulmonaire.

La nature des cellules souches ou des cellules progénitrices de l'épithélium pulmonaire a été très largement étudiée chez la souris, mettant en évidence les propriétés progénitrices de cellules bronchiolaires et alvéolaires. Les cellules basales trachéo-bronchique, les cellules de Clara bronchiolaires, les cellules souches bronchioloalvéolaires et les AEC II présentent des caractéristique de cellules souches et sont impliquées dans la régénération de l'épithélium pulmonaire après lésion. Cependant, malgré les avancées, la nature des cellules souches et cellules progénitrices de l'épithélium respiratoire dans d'autres espèces notamment l'humain nécessite encore plus d'études.

REFERENCES BIBLIOGRAPHIQUES

1. **Adams FH**. Functional development of the fetal lung. *J Pediatr* 68: 794-801, 1966.

2. **Al-Hajj M, Wicha MS, Benito-Hernandez A, Morrison SJ, and Clarke MF**. Prospective identification of tumorigenic breast cancer cells. *Proc Natl Acad Sci U S A* 100: 3983-3988, 2003.

3. **Alcorn DG, Adamson TM, Maloney JE, and Robinson PM**. A morphologic and morphometric analysis of fetal lung development in the sheep. *Anat Rec* 201: 655-667, 1981.

4. **Alexandrovich A, Qureishi A, Coudert AE, Zhang L, Grigoriadis AE, Shah AM, Brewer AC, and Pizzey JA**. A role for GATA-6 in vertebrate chondrogenesis. *Dev Biol* 314: 457-470, 2008.

5. **Amit M, Carpenter MK, Inokuma MS, Chiu CP, Harris CP, Waknitz MA, Itskovitz-Eldor J, and Thomson JA**. Clonally derived human embryonic stem cell lines maintain pluripotency and proliferative potential for prolonged periods of culture. *Dev Biol* 227: 271-278, 2000.

6. **Amos CI, Xu W, and Spitz MR**. Is there a genetic basis for lung cancer susceptibility? *Recent Results Cancer Res* 151: 3-12, 1999.

7. **Archer F, Jacquier E, Lyon M, Chastang J, Cottin V, Mornex JF, and Leroux C**. Alveolar type II cells isolated from pulmonary adenocarcinoma: a model for JSRV expression in vitro. *Am J Respir Cell Mol Biol* 36: 534-540, 2007.

8. **Aruffo A, Stamenkovic I, Melnick M, Underhill CB, and Seed B**. CD44 is the principal cell surface receptor for hyaluronate. *Cell* 61: 1303-1313, 1990.

9. **Aslam M, Baveja R, Liang OD, Fernandez-Gonzalez A, Lee C, Mitsialis SA, and Kourembanas S**. Bone marrow stromal cells attenuate lung injury in a murine model of neonatal chronic lung disease. *Am J Respir Crit Care Med* 180: 1122-1130, 2009.

10. **Avilion AA, Nicolis SK, Pevny LH, Perez L, Vivian N, and Lovell-Badge R**. Multipotent cell lineages in early mouse development depend on SOX2 function. *Genes Dev* 17: 126-140, 2003.

11. **Ayach BB, Yoshimitsu M, Dawood F, Sun M, Arab S, Chen M, Higuchi K, Siatskas C, Lee P, Lim H, Zhang J, Cukerman E, Stanford WL, Medin JA, and Liu PP**. Stem cell factor receptor induces progenitor and natural killer cell-mediated cardiac survival and repair after myocardial infarction. *Proc Natl Acad Sci U S A* 103: 2304-2309, 2006.

12. **Bao S, Wu Q, McLendon RE, Hao Y, Shi Q, Hjelmeland AB, Dewhirst MW, Bigner DD, and Rich JN**. Glioma stem cells promote radioresistance by preferential activation of the DNA damage response. *Nature* 444: 756-760, 2006.

13. **Baumann M, Krause M, and Hill R**. Exploring the role of cancer stem cells in radioresistance. *Nat Rev Cancer* 8: 545-554, 2008.

14. **Behfar A, Hodgson DM, Zingman LV, Perez-Terzic C, Yamada S, Kane GC, Alekseev AE, Puceat M, and Terzic A**. Administration of allogenic stem cells dosed to secure cardiogenesis and sustained infarct repair. *Ann N Y Acad Sci* 1049: 189-198, 2005.

15. **Bellusci S, Grindley J, Emoto H, Itoh N, and Hogan BL**. Fibroblast growth factor 10 (FGF10) and branching morphogenesis in the embryonic mouse lung. *Development* 124: 4867-4878, 1997.

16. **Benachi A, Delezoide AL, Chailley-Heu B, Preece M, Bourbon JR, and Ryder T**. Ultrastructural evaluation of lung maturation in a sheep model of diaphragmatic hernia and tracheal occlusion. *Am J Respir Cell Mol Biol* 20: 805-812, 1999.

17. **Bennett AR, Farley A, Blair NF, Gordon J, Sharp L, and Blackburn CC**. Identification and characterization of thymic epithelial progenitor cells. *Immunity* 16: 803-814, 2002.

18. **Berger PJ, Smolich JJ, Ramsden CA, and Walker AM**. Effect of lung liquid volume on respiratory performance after caesarean delivery in the lamb. *J Physiol* 492 (Pt 3): 905-912, 1996.

19. **Bertolini G, Roz L, Perego P, Tortoreto M, Fontanella E, Gatti L, Pratesi G, Fabbri A, Andriani F, Tinelli S, Roz E, Caserini R, Lo Vullo S, Camerini T, Mariani L, Delia D, Calabro E, Pastorino U, and Sozzi G**. Highly tumorigenic lung cancer CD133+ cells display stem-like features and are spared by cisplatin treatment. *Proc Natl Acad Sci U S A* 106: 16281-16286, 2009.

20. **Bianco P, and Gehron Robey P**. Marrow stromal stem cells. *J Clin Invest* 105: 1663-1668, 2000.

21. **Bishop JM**. The molecular genetics of cancer. *Science* 235: 305-311, 1987.

22. **Bonfield TL, Koloze M, Lennon DP, Zuchowski B, Yang SE, and Caplan AI**. Human mesenchymal stem cells suppress chronic airway inflammation

in the murine ovalbumin asthma model. *Am J Physiol Lung Cell Mol Physiol* 299: L760-770, 2010.

23. **Booth C, and Potten CS**. Gut instincts: thoughts on intestinal epithelial stem cells. *J Clin Invest* 105: 1493-1499, 2000.

24. **Borthwick DW, Shahbazian M, Krantz QT, Dorin JR, and Randell SH**. Evidence for stem-cell niches in the tracheal epithelium. *Am J Respir Cell Mol Biol* 24: 662-670, 2001.

25. **Bowden DH**. Cell turnover in the lung. *Am Rev Respir Dis* 128: S46-48, 1983.

26. **Bowes D, Clark AE, and Corrin B**. Ultrastructural localisation of lactoferrin and glycoprotein in human bronchial glands. *Thorax* 36: 108-115, 1981.

27. **Breeze RG, and Wheeldon EB**. The cells of the pulmonary airways. *Am Rev Respir Dis* 116: 705-777, 1977.

28. **Bruscia EM, Price JE, Cheng EC, Weiner S, Caputo C, Ferreira EC, Egan ME, and Krause DS**. Assessment of cystic fibrosis transmembrane conductance regulator (CFTR) activity in CFTR-null mice after bone marrow transplantation. *Proc Natl Acad Sci U S A* 103: 2965-2970, 2006.

29. **Calabrese C, Poppleton H, Kocak M, Hogg TL, Fuller C, Hamner B, Oh EY, Gaber MW, Finklestein D, Allen M, Frank A, Bayazitov IT, Zakharenko SS, Gajjar A, Davidoff A, and Gilbertson RJ**. A perivascular niche for brain tumor stem cells. *Cancer Cell* 11: 69-82, 2007.

30. **Cameron ER, and Neil JC**. The Runx genes: lineage-specific oncogenes and tumor suppressors. *Oncogene* 23: 4308-4314, 2004.

31. **Campbell LL, and Polyak K**. Breast tumor heterogeneity: cancer stem cells or clonal evolution? *Cell Cycle* 6: 2332-2338, 2007.

32. **Caplan AI**. Osteogenesis imperfecta, rehabilitation medicine, fundamental research and mesenchymal stem cells. *Connect Tissue Res* 31: S9-14, 1995.

33. **Cartwright P, McLean C, Sheppard A, Rivett D, Jones K, and Dalton S**. LIF/STAT3 controls ES cell self-renewal and pluripotency by a Myc-dependent mechanism. *Development* 132: 885-896, 2005.

34. **Castell JV, Donato MT, and Gomez-Lechon MJ**. Metabolism and bioactivation of toxicants in the lung. The in vitro cellular approach. *Exp Toxicol Pathol* 57 Suppl 1: 189-204, 2005.

35. **Cavaleri F, and Scholer HR**. Nanog: a new recruit to the embryonic stem cell orchestra. *Cell* 113: 551-552, 2003.

36. **Challen GA, and Little MH**. A side order of stem cells: the SP phenotype. *Stem Cells* 24: 3-12, 2006.

37. **Chambers I, Colby D, Robertson M, Nichols J, Lee S, Tweedie S, and Smith A**. Functional expression cloning of Nanog, a pluripotency sustaining factor in embryonic stem cells. *Cell* 113: 643-655, 2003.

38. **Chen YC, Hsu HS, Chen YW, Tsai TH, How CK, Wang CY, Hung SC, Chang YL, Tsai ML, Lee YY, Ku HH, and Chiou SH**. Oct-4 expression maintained cancer stem-like properties in lung cancer-derived CD133-positive cells. *PLoS One* 3: e2637, 2008.

39. **Chiou SH, Wang ML, Chou YT, Chen CJ, Hong CF, Hsieh WJ, Chang HT, Chen YS, Lin TW, Hsu HS, and Wu CW**. Coexpression of Oct4 and Nanog enhances malignancy in lung adenocarcinoma by inducing cancer stem cell-like properties and epithelial-mesenchymal transdifferentiation. *Cancer Res* 70: 10433-10444, 2010.

40. **Chistiakov DA**. Endogenous and exogenous stem cells: a role in lung repair and use in airway tissue engineering and transplantation. *J Biomed Sci* 17: 92, 2010.

41. **Chuang PT, and McMahon AP**. Vertebrate Hedgehog signalling modulated by induction of a Hedgehog-binding protein. *Nature* 397: 617-621, 1999.

42. **Cole BB, Smith RW, Jenkins KM, Graham BB, Reynolds PR, and Reynolds SD**. Tracheal Basal cells: a facultative progenitor cell pool. *Am J Pathol* 177: 362-376, 2010.

43. **Collins AT, and Maitland NJ**. Prostate cancer stem cells. *Eur J Cancer* 42: 1213-1218, 2006.

44. **Collins LG, Haines C, Perkel R, and Enck RE**. Lung cancer: diagnosis and management. *Am Fam Physician* 75: 56-63, 2007.

45. **Cyranoski D**. Stem cells: 5 things to know before jumping on the iPS bandwagon. *Nature* 452: 406-408, 2008.

46. **Davies KE, and Grounds MD**. Treating muscular dystrophy with stem cells? *Cell* 127: 1304-1306, 2006.

47. **De Bari C, Dell'Accio F, Tylzanowski P, and Luyten FP**. Multipotent mesenchymal stem cells from adult human synovial membrane. *Arthritis Rheum* 44: 1928-1942, 2001.

48. **Debeb BG, Xu W, and Woodward WA**. Radiation resistance of breast cancer stem cells: understanding the clinical framework. *J Mammary Gland Biol Neoplasia* 14: 11-17, 2009.

49. **Dominici M, Le Blanc K, Mueller I, Slaper-Cortenbach I, Marini F, Krause D, Deans R, Keating A, Prockop D, and Horwitz E**. Minimal

criteria for defining multipotent mesenchymal stromal cells. The International Society for Cellular Therapy position statement. *Cytotherapy* 8: 315-317, 2006.

50. **Donnelly GM, Haack DG, and Heird CS**. Tracheal epithelium: cell kinetics and differentiation in normal rat tissue. *Cell Tissue Kinet* 15: 119-130, 1982.

51. **Dontu G, Al-Hajj M, Abdallah WM, Clarke MF, and Wicha MS**. Stem cells in normal breast development and breast cancer. *Cell Prolif* 36 Suppl 1: 59-72, 2003.

52. **Dovey JS, Zacharek SJ, Kim CF, and Lees JA**. Bmi1 is critical for lung tumorigenesis and bronchioalveolar stem cell expansion. *Proc Natl Acad Sci U S A* 105: 11857-11862, 2008.

53. **Driscoll B, Buckley S, Bui KC, Anderson KD, and Warburton D**. Telomerase in alveolar epithelial development and repair. *Am J Physiol Lung Cell Mol Physiol* 279: L1191-1198, 2000.

54. **Drukker M**. Immunogenicity of embryonic stem cells and their progeny. *Methods Enzymol* 420: 391-409, 2006.

55. **Duncan AW, Rattis FM, DiMascio LN, Congdon KL, Pazianos G, Zhao C, Yoon K, Cook JM, Willert K, Gaiano N, and Reya T**. Integration of Notch and Wnt signaling in hematopoietic stem cell maintenance. *Nat Immunol* 6: 314-322, 2005.

56. **Eberhard D, and Tosh D**. Transdifferentiation and metaplasia as a paradigm for understanding development and disease. *Cell Mol Life Sci* 65: 33-40, 2008.

57. **Eisenberg LM, and Eisenberg CA**. Stem cell plasticity, cell fusion, and transdifferentiation. *Birth Defects Res C Embryo Today* 69: 209-218, 2003.

58. **Eminli S, Foudi A, Stadtfeld M, Maherali N, Ahfeldt T, Mostoslavsky G, Hock H, and Hochedlinger K**. Differentiation stage determines potential of hematopoietic cells for reprogramming into induced pluripotent stem cells. *Nat Genet* 41: 968-976, 2009.

59. **Engelhardt JF, Schlossberg H, Yankaskas JR, and Dudus L**. Progenitor cells of the adult human airway involved in submucosal gland development. *Development* 121: 2031-2046, 1995.

60. **Eramo A, Haas TL, and De Maria R**. Lung cancer stem cells: tools and targets to fight lung cancer. *Oncogene* 29: 4625-4635, 2010.

61. **Eramo A, Lotti F, Sette G, Pilozzi E, Biffoni M, Di Virgilio A, Conticello C, Ruco L, Peschle C, and De Maria R**. Identification and expansion of the tumorigenic lung cancer stem cell population. *Cell Death Differ* 15: 504-514, 2008.

62. **Evans MJ, Cabral-Anderson LJ, and Freeman G**. Role of the Clara cell in renewal of the bronchiolar epithelium. *Lab Invest* 38: 648-653, 1978.

63. **Evans MJ, Johnson LV, Stephens RJ, and Freeman G**. Renewal of the terminal bronchiolar epithelium in the rat following exposure to NO2 or O3. *Lab Invest* 35: 246-257, 1976.

64. **Evans MJ, Shami SG, Cabral-Anderson LJ, and Dekker NP**. Role of nonciliated cells in renewal of the bronchial epithelium of rats exposed to NO2. *Am J Pathol* 123: 126-133, 1986.

65. **Fehrenbach H, Schmiedl A, Wahlers T, Hirt SW, Brasch F, Riemann D, and Richter J**. Morphometric characterisation of the fine structure of human type II pneumocytes. *Anat Rec* 243: 49-62, 1995.

66. **Ferrari G, Cusella-De Angelis G, Coletta M, Paolucci E, Stornaiuolo A, Cossu G, and Mavilio F**. Muscle regeneration by bone marrow-derived myogenic progenitors. *Science* 279: 1528-1530, 1998.

67. **Field JK, Smith RA, Aberle DR, Oudkerk M, Baldwin DR, Yankelevitz D, Pedersen JH, Swanson SJ, Travis WD, Wisbuba, II, Noguchi M, and Mulshine JL**. International Association for the Study of Lung Cancer Computed Tomography Screening Workshop 2011 report. *J Thorac Oncol* 7: 10-19, 2011.

68. **Flecknoe SJ, Wallace MJ, Cock ML, Harding R, and Hooper SB**. Changes in alveolar epithelial cell proportions during fetal and postnatal development in sheep. *Am J Physiol Lung Cell Mol Physiol* 285: L664-670, 2003.

69. **Forbes SJ, Vig P, Poulsom R, Wright NA, and Alison MR**. Adult stem cell plasticity: new pathways of tissue regeneration become visible. *Clin Sci (Lond)* 103: 355-369, 2002.

70. **Franken C, Kramps JA, Meyer CJ, and Dijkman JH**. Localization of a low molecular weight protease inhibitor in the respiratory tract. *Bull Eur Physiopathol Respir* 16 Suppl: 231-236, 1980.

71. **Fuchs E, and Segre JA**. Stem cells: a new lease on life. *Cell* 100: 143-155, 2000.

72. **Gage FH**. Mammalian neural stem cells. *Science* 287: 1433-1438, 2000.

73. **Germano D, Blyszczuk P, Valaperti A, Kania G, Dirnhofer S, Landmesser U, Luscher TF, Hunziker L, Zulewski H, and Eriksson U**. Prominin-1/CD133+ lung epithelial progenitors protect from bleomycin-induced pulmonary fibrosis. *Am J Respir Crit Care Med* 179: 939-949, 2009.

74. **Giangreco A, Arwert EN, Rosewell IR, Snyder J, Watt FM, and Stripp BR**. Stem cells are dispensable for lung homeostasis but restore airways after injury. *Proc Natl Acad Sci U S A* 106: 9286-9291, 2009.

75. **Giangreco A, Reynolds SD, and Stripp BR**. Terminal bronchioles harbor a unique airway stem cell population that localizes to the bronchoalveolar duct junction. *Am J Pathol* 161: 173-182, 2002.

76. **Giangreco A, Shen H, Reynolds SD, and Stripp BR**. Molecular phenotype of airway side population cells. *Am J Physiol Lung Cell Mol Physiol* 286: L624-630, 2004.

77. **Ginestier C, Hur MH, Charafe-Jauffret E, Monville F, Dutcher J, Brown M, Jacquemier J, Viens P, Kleer CG, Liu S, Schott A, Hayes D, Birnbaum D, Wicha MS, and Dontu G**. ALDH1 is a marker of normal and malignant human mammary stem cells and a predictor of poor clinical outcome. *Cell Stem Cell* 1: 555-567, 2007.

78. **Gontan C, de Munck A, Vermeij M, Grosveld F, Tibboel D, and Rottier R**. Sox2 is important for two crucial processes in lung development: branching morphogenesis and epithelial cell differentiation. *Dev Biol* 317: 296-309, 2008.

79. **Gonzalez RF, Allen L, and Dobbs LG**. Rat alveolar type I cells proliferate, express OCT-4, and exhibit phenotypic plasticity in vitro. *Am J Physiol Lung Cell Mol Physiol* 297: L1045-1055, 2009.

80. **Goodell MA, Brose K, Paradis G, Conner AS, and Mulligan RC**. Isolation and functional properties of murine hematopoietic stem cells that are replicating in vivo. *J Exp Med* 183: 1797-1806, 1996.

81. **Goodman MR, Link DW, Brown WR, and Nakane PK**. Ultrastructural evidence of transport of secretory IgA across bronchial epithelium. *Am Rev Respir Dis* 123: 115-119, 1981.

82. **Gronthos S, Mankani M, Brahim J, Robey PG, and Shi S**. Postnatal human dental pulp stem cells (DPSCs) in vitro and in vivo. *Proc Natl Acad Sci U S A* 97: 13625-13630, 2000.

83. **Guseh JS, Bores SA, Stanger BZ, Zhou Q, Anderson WJ, Melton DA, and Rajagopal J**. Notch signaling promotes airway mucous metaplasia and inhibits alveolar development. *Development* 136: 1751-1759, 2009.

84. **Hackett TL, Shaheen F, Johnson A, Wadsworth S, Pechkovsky DV, Jacoby DB, Kicic A, Stick SM, and Knight DA**. Characterization of side population cells from human airway epithelium. *Stem Cells* 26: 2576-2585, 2008.

85. **Hacohen N, Kramer S, Sutherland D, Hiromi Y, and Krasnow MA**. sprouty encodes a novel antagonist of FGF signaling that patterns apical branching of the Drosophila airways. *Cell* 92: 253-263, 1998.

86. **Hare WC**. The broncho-pulmonary segments in the sheep. *J Anat* 89: 387-402, 1955.

87. **Hassan HT**. c-Kit expression in human normal and malignant stem cells prognostic and therapeutic implications. *Leuk Res* 33: 5-10, 2009.

88. **Hermann PC, Huber SL, Herrler T, Aicher A, Ellwart JW, Guba M, Bruns CJ, and Heeschen C**. Distinct populations of cancer stem cells determine tumor growth and metastatic activity in human pancreatic cancer. *Cell Stem Cell* 1: 313-323, 2007.

89. **Hines SJ, Organ C, Kornstein MJ, and Krystal GW**. Coexpression of the c-kit and stem cell factor genes in breast carcinomas. *Cell Growth Differ* 6: 769-779, 1995.

90. **Hinnrasky J, Chevillard M, and Puchelle E**. Immunocytochemical demonstration of quantitative differences in the distribution of lysozyme in human airway secretory granule phenotypes. *Biol Cell* 68: 239-243, 1990.

91. **Hiyama K, Hiyama E, Ishioka S, Yamakido M, Inai K, Gazdar AF, Piatyszek MA, and Shay JW**. Telomerase activity in small-cell and non-small-cell lung cancers. *J Natl Cancer Inst* 87: 895-902, 1995.

92. **Ho MM, Ng AV, Lam S, and Hung JY**. Side population in human lung cancer cell lines and tumors is enriched with stem-like cancer cells. *Cancer Res* 67: 4827-4833, 2007.

93. **Hong H, Takahashi K, Ichisaka T, Aoi T, Kanagawa O, Nakagawa M, Okita K, and Yamanaka S**. Suppression of induced pluripotent stem cell generation by the p53-p21 pathway. *Nature* 460: 1132-1135, 2009.

94. **Hong KU, Reynolds SD, Giangreco A, Hurley CM, and Stripp BR**. Clara cell secretory protein-expressing cells of the airway neuroepithelial body microenvironment include a label-retaining subset and are critical for epithelial renewal after progenitor cell depletion. *Am J Respir Cell Mol Biol* 24: 671-681, 2001.

95. **Hong KU, Reynolds SD, Watkins S, Fuchs E, and Stripp BR**. Basal cells are a multipotent progenitor capable of renewing the bronchial epithelium. *Am J Pathol* 164: 577-588, 2004.

96. **Hook GE, Brody AR, Cameron GS, Jetten AM, Gilmore LB, and Nettesheim P**. Repopulation of denuded tracheas by Clara cells isolated from the lungs of rabbits. *Exp Lung Res* 12: 311-329, 1987.

97. **Hu T, Liu S, Breiter DR, Wang F, Tang Y, and Sun S**. Octamer 4 small interfering RNA results in cancer stem cell-like cell apoptosis. *Cancer Res* 68: 6533-6540, 2008.

98. **Huang EH, Hynes MJ, Zhang T, Ginestier C, Dontu G, Appelman H, Fields JZ, Wicha MS, and Boman BM**. Aldehyde dehydrogenase 1 is a marker for normal and malignant human colonic stem cells (SC) and tracks SC overpopulation during colon tumorigenesis. *Cancer Res* 69: 3382-3389, 2009.

99. **Huangfu D, Osafune K, Maehr R, Guo W, Eijkelenboom A, Chen S, Muhlestein W, and Melton DA**. Induction of pluripotent stem cells from primary human fibroblasts with only Oct4 and Sox2. *Nat Biotechnol* 26: 1269-1275, 2008.

100. **Hussenet T, Dali S, Exinger J, Monga B, Jost B, Dembele D, Martinet N, Thibault C, Huelsken J, Brambilla E, and du Manoir S**. SOX2 is an oncogene activated by recurrent 3q26.3 amplifications in human lung squamous cell carcinomas. *PLoS One* 5: e8960, 2010.

101. **Hyatt BA, Shangguan X, and Shannon JM**. FGF-10 induces SP-C and Bmp4 and regulates proximal-distal patterning in embryonic tracheal epithelium. *Am J Physiol Lung Cell Mol Physiol* 287: L1116-1126, 2004.

102. **Ingham PW**. Transducing Hedgehog: the story so far. *Embo J* 17: 3505-3511, 1998.

103. **Ishii Y, Rex M, Scotting PJ, and Yasugi S**. Region-specific expression of chicken Sox2 in the developing gut and lung epithelium: regulation by epithelial-mesenchymal interactions. *Dev Dyn* 213: 464-475, 1998.

104. **Ito T, and Kanisawa M**. Endocrine cells and brush cells at the bronchioloalveolar junctions of neonatal Syrian hamster lungs. *J Morphol* 206: 217-223, 1990.

105. **Ivanova N, Dobrin R, Lu R, Kotenko I, Levorse J, DeCoste C, Schafer X, Lun Y, and Lemischka IR**. Dissecting self-renewal in stem cells with RNA interference. *Nature* 442: 533-538, 2006.

106. **Jiang F, Qiu Q, Khanna A, Todd NW, Deepak J, Xing L, Wang H, Liu Z, Su Y, Stass SA, and Katz RL**. Aldehyde dehydrogenase 1 is a tumor stem cell-associated marker in lung cancer. *Mol Cancer Res* 7: 330-338, 2009.

107. **Johnson MD, Widdicombe JH, Allen L, Barbry P, and Dobbs LG**. Alveolar epithelial type I cells contain transport proteins and transport sodium, supporting an active role for type I cells in regulation of lung liquid homeostasis. *Proc Natl Acad Sci U S A* 99: 1966-1971, 2002.

108. **Jones RJ, Barber JP, Vala MS, Collector MI, Kaufmann SH, Ludeman SM, Colvin OM, and Hilton J**. Assessment of aldehyde dehydrogenase in viable cells. *Blood* 85: 2742-2746, 1995.

109. **Jordan CT, Guzman ML, and Noble M**. Cancer stem cells. *N Engl J Med* 355: 1253-1261, 2006.

110. **Kaartinen V, Voncken JW, Shuler C, Warburton D, Bu D, Heisterkamp N, and Groffen J**. Abnormal lung development and cleft palate in mice lacking TGF-beta 3 indicates defects of epithelial-mesenchymal interaction. *Nat Genet* 11: 415-421, 1995.

111. **Kajstura J, Rota M, Hall SR, Hosoda T, D'Amario D, Sanada F, Zheng H, Ogorek B, Rondon-Clavo C, Ferreira-Martins J, Matsuda A, Arranto C, Goichberg P, Giordano G, Haley KJ, Bardelli S, Rayatzadeh H, Liu

X, Quaini F, Liao R, Leri A, Perrella MA, Loscalzo J, and Anversa P. Evidence for human lung stem cells. *N Engl J Med* 364: 1795-1806, 2011.

112. Kim CF, Jackson EL, Woolfenden AE, Lawrence S, Babar I, Vogel S, Crowley D, Bronson RT, and Jacks T. Identification of bronchioalveolar stem cells in normal lung and lung cancer. *Cell* 121: 823-835, 2005.

113. Kimura T, and Nakano T. Induction of pluripotency in primordial germ cells. *Histol Histopathol* 26: 643-650, 2011.

114. Kleber M, and Sommer L. Wnt signaling and the regulation of stem cell function. *Curr Opin Cell Biol* 16: 681-687, 2004.

115. Klonisch T, Wiechec E, Hombach-Klonisch S, Ande SR, Wesselborg S, Schulze-Osthoff K, and Los M. Cancer stem cell markers in common cancers - therapeutic implications. *Trends Mol Med* 14: 450-460, 2008.

116. Krause DS. Bone marrow-derived cells and stem cells in lung repair. *Proc Am Thorac Soc* 5: 323-327, 2008.

117. Krystal GW, Hines SJ, and Organ CP. Autocrine growth of small cell lung cancer mediated by coexpression of c-kit and stem cell factor. *Cancer Res* 56: 370-376, 1996.

118. Kwei KA, Kim YH, Girard L, Kao J, Pacyna-Gengelbach M, Salari K, Lee J, Choi YL, Sato M, Wang P, Hernandez-Boussard T, Gazdar AF, Petersen I, Minna JD, and Pollack JR. Genomic profiling identifies TITF1 as a lineage-specific oncogene amplified in lung cancer. *Oncogene* 27: 3635-3640, 2008.

119. Lamb D, and Reid L. Histochemical and autoradiographic investigation of the serous cells of the human bronchial glands. *J Pathol* 100: 127-138, 1970.

120. **Lange S, Heger J, Euler G, Wartenberg M, Piper HM, and Sauer H**. Platelet-derived growth factor BB stimulates vasculogenesis of embryonic stem cell-derived endothelial cells by calcium-mediated generation of reactive oxygen species. *Cardiovasc Res* 81: 159-168, 2009.

121. **Lee KS, Lee YS, Lee JM, Ito K, Cinghu S, Kim JH, Jang JW, Li YH, Goh YM, Chi XZ, Wee H, Lee HW, Hosoya A, Chung JH, Jang JJ, Kundu JK, Surh YJ, Kim WJ, Ito Y, Jung HS, and Bae SC**. Runx3 is required for the differentiation of lung epithelial cells and suppression of lung cancer. *Oncogene* 29: 3349-3361, 2010.

122. **Leri A, Kajstura J, and Anversa P**. Cardiac stem cells and mechanisms of myocardial regeneration. *Physiol Rev* 85: 1373-1416, 2005.

123. **Levina V, Marrangoni A, Wang T, Parikh S, Su Y, Herberman R, Lokshin A, and Gorelik E**. Elimination of human lung cancer stem cells through targeting of the stem cell factor-c-kit autocrine signaling loop. *Cancer Res* 70: 338-346, 2010.

124. **Levina V, Marrangoni AM, DeMarco R, Gorelik E, and Lokshin AE**. Drug-selected human lung cancer stem cells: cytokine network, tumorigenic and metastatic properties. *PLoS One* 3: e3077, 2008.

125. **Li B, Xu L, Lu WY, Xu W, Wang MH, Yang K, Dong J, Ding XY, and Huang YH**. A whole-mechanical method to establish human embryonic stem cell line HN4 from discarded embryos. *Cytotechnology* 62: 509-518, 2010.

126. **Li C, Hu L, Xiao J, Chen H, Li JT, Bellusci S, Delanghe S, and Minoo P**. Wnt5a regulates Shh and Fgf10 signaling during lung development. *Dev Biol* 287: 86-97, 2005.

127. **Li K, Nagalla SR, and Spindel ER**. A rhesus monkey model to characterize the role of gastrin-releasing peptide (GRP) in lung development. Evidence for stimulation of airway growth. *J Clin Invest* 94: 1605-1615, 1994.

128. **Li L, Black R, Ma Z, Yang Q, Wang A, and Lin F**. Use of Mouse Hematopoietic Stem and Progenitor Cells to Treat Acute Kidney Injury. *Am J Physiol Renal Physiol* 2011.

129. **Li QL, Kim HR, Kim WJ, Choi JK, Lee YH, Kim HM, Li LS, Kim H, Chang J, Ito Y, Youl Lee K, and Bae SC**. Transcriptional silencing of the RUNX3 gene by CpG hypermethylation is associated with lung cancer. *Biochem Biophys Res Commun* 314: 223-228, 2004.

130. **Li X, Lewis MT, Huang J, Gutierrez C, Osborne CK, Wu MF, Hilsenbeck SG, Pavlick A, Zhang X, Chamness GC, Wong H, Rosen J, and Chang JC**. Intrinsic resistance of tumorigenic breast cancer cells to chemotherapy. *J Natl Cancer Inst* 100: 672-679, 2008.

131. **Li Y, McClintick J, Zhong L, Edenberg HJ, Yoder MC, and Chan RJ**. Murine embryonic stem cell differentiation is promoted by SOCS-3 and inhibited by the zinc finger transcription factor Klf4. *Blood* 105: 635-637, 2005.

132. **Licchesi JD, Westra WH, Hooker CM, Machida EO, Baylin SB, and Herman JG**. Epigenetic alteration of Wnt pathway antagonists in progressive glandular neoplasia of the lung. *Carcinogenesis* 29: 895-904, 2008.

133. **Ling TY, Kuo MD, Li CL, Yu AL, Huang YH, Wu TJ, Lin YC, Chen SH, and Yu J**. Identification of pulmonary Oct-4+ stem/progenitor cells and

demonstration of their susceptibility to SARS coronavirus (SARS-CoV) infection in vitro. *Proc Natl Acad Sci U S A* 103: 9530-9535, 2006.

134. **Liu X, Driskell RR, and Engelhardt JF**. Stem cells in the lung. *Methods Enzymol* 419: 285-321, 2006.

135. **Liu X, and Engelhardt JF**. The glandular stem/progenitor cell niche in airway development and repair. *Proc Am Thorac Soc* 5: 682-688, 2008.

136. **Lobo NA, Shimono Y, Qian D, and Clarke MF**. The biology of cancer stem cells. *Annu Rev Cell Dev Biol* 23: 675-699, 2007.

137. **Lockwood WW, Chari R, Coe BP, Thu KL, Garnis C, Malloff CA, Campbell J, Williams AC, Hwang D, Zhu CQ, Buys TP, Yee J, English JC, Macaulay C, Tsao MS, Gazdar AF, Minna JD, Lam S, and Lam WL**. Integrative genomic analyses identify BRF2 as a novel lineage-specific oncogene in lung squamous cell carcinoma. *PLoS Med* 7: e1000315, 2010.

138. **Loeffler M, and Roeder I**. Tissue stem cells: definition, plasticity, heterogeneity, self-organization and models--a conceptual approach. *Cells Tissues Organs* 171: 8-26, 2002.

139. **Mailleux AA, Tefft D, Ndiaye D, Itoh N, Thiery JP, Warburton D, and Bellusci S**. Evidence that SPROUTY2 functions as an inhibitor of mouse embryonic lung growth and morphogenesis. *Mech Dev* 102: 81-94, 2001.

140. **Mantile G, Miele L, Cordella-Miele E, Singh G, Katyal SL, and Mukherjee AB**. Human Clara cell 10-kDa protein is the counterpart of rabbit uteroglobin. *J Biol Chem* 268: 20343-20351, 1993.

141. **Martin GR**. Isolation of a pluripotent cell line from early mouse embryos cultured in medium conditioned by teratocarcinoma stem cells. *Proc Natl Acad Sci U S A* 78: 7634-7638, 1981.

142. **Martin LP, Hamilton TC, and Schilder RJ**. Platinum resistance: the role of DNA repair pathways. *Clin Cancer Res* 14: 1291-1295, 2008.

143. **Martineau HM, Cousens C, Imlach S, Dagleish MP, and Griffiths DJ**. Jaagsiekte sheep retrovirus infects multiple cell types in the ovine lung. *J Virol* 85: 3341-3355, 2011.

144. **Mazumdar J, O'Brien WT, Johnson RS, LaManna JC, Chavez JC, Klein PS, and Simon MC**. O2 regulates stem cells through Wnt/beta-catenin signalling. *Nat Cell Biol* 12: 1007-1013, 2010.

145. **McDowell EM, Barrett LA, Glavin F, Harris CC, and Trump BF**. The respiratory epithelium. I. Human bronchus. *J Natl Cancer Inst* 61: 539-549, 1978.

146. **Meller D, Dabul V, and Tseng SC**. Expansion of conjunctival epithelial progenitor cells on amniotic membrane. *Exp Eye Res* 74: 537-545, 2002.

147. **Mercer JF, Grimes A, Ambrosini L, Lockhart P, Paynter JA, Dierick H, and Glover TW**. Mutations in the murine homologue of the Menkes gene in dappled and blotchy mice. *Nat Genet* 6: 374-378, 1994.

148. **Meuwissen R, and Berns A**. Mouse models for human lung cancer. *Genes Dev* 19: 643-664, 2005.

149. **Miettinen PJ, Warburton D, Bu D, Zhao JS, Berger JE, Minoo P, Koivisto T, Allen L, Dobbs L, Werb Z, and Derynck R**. Impaired lung branching morphogenesis in the absence of functional EGF receptor. *Dev Biol* 186: 224-236, 1997.

150. **Miller TL, Shashikant BN, Pilon AL, Pierce RA, Shaffer TH, and Wolfson MR**. Effects of an intratracheally delivered anti-inflammatory protein (rhCC10) on physiological and lung structural indices in a juvenile model of acute lung injury. *Biol Neonate* 89: 159-170, 2006.

151. **Moodley Y, Manuelpillai U, and Weiss DJ**. Cellular therapies for lung disease: a distant horizon. *Respirology* 16: 223-237, 2011.

152. **Moore BB, and Hogaboam CM**. Murine models of pulmonary fibrosis. *Am J Physiol Lung Cell Mol Physiol* 294: L152-160, 2008.

153. **Morimoto M, Liu Z, Cheng HT, Winters N, Bader D, and Kopan R**. Canonical Notch signaling in the developing lung is required for determination of arterial smooth muscle cells and selection of Clara versus ciliated cell fate. *J Cell Sci* 123: 213-224, 2010.

154. **Moriyama Y, and Omote H**. Vesicular glutamate transporter acts as a metabolic regulator. *Biol Pharm Bull* 31: 1844-1846, 2008.

155. **Mucenski ML, Wert SE, Nation JM, Loudy DE, Huelsken J, Birchmeier W, Morrisey EE, and Whitsett JA**. beta-Catenin is required for specification of proximal/distal cell fate during lung morphogenesis. *J Biol Chem* 278: 40231-40238, 2003.

156. **Murgia C, Caporale M, Ceesay O, Di Francesco G, Ferri N, Varasano V, de las Heras M, and Palmarini M**. Lung adenocarcinoma originates from retrovirus infection of proliferating type 2 pneumocytes during pulmonary post-natal development or tissue repair. *PLoS Pathog* 7: e1002014, 2011.

157. **Nakanishi K, Hiroi S, Kawai T, Suzuki M, and Torikata C**. Argyrophilic nucleolar-organizer region counts and DNA status in bronchioloalveolar epithelial hyperplasia and adenocarcinoma of the lung. *Hum Pathol* 29: 235-239, 1998.

158. **Nemeth K, Keane-Myers A, Brown JM, Metcalfe DD, Gorham JD, Bundoc VG, Hodges MG, Jelinek I, Madala S, Karpati S, and Mezey E**. Bone marrow stromal cells use TGF-beta to suppress allergic responses in

a mouse model of ragweed-induced asthma. *Proc Natl Acad Sci U S A* 107: 5652-5657, 2010.

159. **Nichols J, Zevnik B, Anastassiadis K, Niwa H, Klewe-Nebenius D, Chambers I, Scholer H, and Smith A**. Formation of pluripotent stem cells in the mammalian embryo depends on the POU transcription factor Oct4. *Cell* 95: 379-391, 1998.

160. **Nowell PC**. The clonal evolution of tumor cell populations. *Science* 194: 23-28, 1976.

161. **Odorico JS, Kaufman DS, and Thomson JA**. Multilineage differentiation from human embryonic stem cell lines. *Stem Cells* 19: 193-204, 2001.

162. **Ohnishi S, and Nagaya N**. Tissue regeneration as next-generation therapy for COPD--potential applications. *Int J Chron Obstruct Pulmon Dis* 3: 509-514, 2008.

163. **Ohtsuka N, Urase K, Momoi T, and Nogawa H**. Induction of bud formation of embryonic mouse tracheal epithelium by fibroblast growth factor plus transferrin in mesenchyme-free culture. *Dev Dyn* 222: 263-272, 2001.

164. **Okawa H, Okuda O, Arai H, Sakuragawa N, and Sato K**. Amniotic epithelial cells transform into neuron-like cells in the ischemic brain. *Neuroreport* 12: 4003-4007, 2001.

165. **Okita K, Ichisaka T, and Yamanaka S**. Generation of germline-competent induced pluripotent stem cells. *Nature* 448: 313-317, 2007.

166. **Okumura K, Nakamura K, Hisatomi Y, Nagano K, Tanaka Y, Terada K, Sugiyama T, Umeyama K, Matsumoto K, Yamamoto T, and Endo F**. Salivary gland progenitor cells induced by duct ligation differentiate into hepatic and pancreatic lineages. *Hepatology* 38: 104-113, 2003.

167. Park IH, Arora N, Huo H, Maherali N, Ahfeldt T, Shimamura A, Lensch MW, Cowan C, Hochedlinger K, and Daley GQ. Disease-specific induced pluripotent stem cells. *Cell* 134: 877-886, 2008.

168. Park IK, Morrison SJ, and Clarke MF. Bmi1, stem cells, and senescence regulation. *J Clin Invest* 113: 175-179, 2004.

169. Park KS, Wells JM, Zorn AM, Wert SE, Laubach VE, Fernandez LG, and Whitsett JA. Transdifferentiation of ciliated cells during repair of the respiratory epithelium. *Am J Respir Cell Mol Biol* 34: 151-157, 2006.

170. Parmar K, Mauch P, Vergilio JA, Sackstein R, and Down JD. Distribution of hematopoietic stem cells in the bone marrow according to regional hypoxia. *Proc Natl Acad Sci U S A* 104: 5431-5436, 2007.

171. Pelton RW, Saxena B, Jones M, Moses HL, and Gold LI. Immunohistochemical localization of TGF beta 1, TGF beta 2, and TGF beta 3 in the mouse embryo: expression patterns suggest multiple roles during embryonic development. *J Cell Biol* 115: 1091-1105, 1991.

172. Pepicelli CV, Lewis PM, and McMahon AP. Sonic hedgehog regulates branching morphogenesis in the mammalian lung. *Curr Biol* 8: 1083-1086, 1998.

173. Pera MF, and Trounson AO. Human embryonic stem cells: prospects for development. *Development* 131: 5515-5525, 2004.

174. Peters K, Werner S, Liao X, Wert S, Whitsett J, and Williams L. Targeted expression of a dominant negative FGF receptor blocks branching morphogenesis and epithelial differentiation of the mouse lung. *Embo J* 13: 3296-3301, 1994.

175. Pevny L, and Placzek M. SOX genes and neural progenitor identity. *Curr Opin Neurobiol* 15: 7-13, 2005.

176. **Platt JA, Kraipowich N, Villafane F, and DeMartini JC**. Alveolar type II cells expressing jaagsiekte sheep retrovirus capsid protein and surfactant proteins are the predominant neoplastic cell type in ovine pulmonary adenocarcinoma. *Vet Pathol* 39: 341-352, 2002.

177. **Plopper CG, Mariassy AT, and Lollini LO**. Structure as revealed by airway dissection. A comparison of mammalian lungs. *Am Rev Respir Dis* 128: S4-7, 1983.

178. **Polak JM, Becker KL, Cutz E, Gail DB, Goniakowska-Witalinska L, Gosney JR, Lauweryns JM, Linnoila I, McDowell EM, Miller YE, and et al.** Lung endocrine cell markers, peptides, and amines. *Anat Rec* 236: 169-171, 1993.

179. **Ramiya VK, Maraist M, Arfors KE, Schatz DA, Peck AB, and Cornelius JG**. Reversal of insulin-dependent diabetes using islets generated in vitro from pancreatic stem cells. *Nat Med* 6: 278-282, 2000.

180. **Rawlins EL, Okubo T, Xue Y, Brass DM, Auten RL, Hasegawa H, Wang F, and Hogan BL**. The role of Scgb1a1+ Clara cells in the long-term maintenance and repair of lung airway, but not alveolar, epithelium. *Cell Stem Cell* 4: 525-534, 2009.

181. **Reddy R, Buckley S, Doerken M, Barsky L, Weinberg K, Anderson KD, Warburton D, and Driscoll B**. Isolation of a putative progenitor subpopulation of alveolar epithelial type 2 cells. *Am J Physiol Lung Cell Mol Physiol* 286: L658-667, 2004.

182. **Renault V, Piron-Hamelin G, Forestier C, DiDonna S, Decary S, Hentati F, Saillant G, Butler-Browne GS, and Mouly V**. Skeletal muscle regeneration and the mitotic clock. *Exp Gerontol* 35: 711-719, 2000.

183. **Reubinoff BE, Pera MF, Fong CY, Trounson A, and Bongso A**. Embryonic stem cell lines from human blastocysts: somatic differentiation in vitro. *Nat Biotechnol* 18: 399-404, 2000.

184. **Reya T, Duncan AW, Ailles L, Domen J, Scherer DC, Willert K, Hintz L, Nusse R, and Weissman IL**. A role for Wnt signalling in self-renewal of haematopoietic stem cells. *Nature* 423: 409-414, 2003.

185. **Reynolds S, and Ruohola-Baker H**. The role of microRNAs in germline differentiation. 2008.

186. **Reynolds SD, Giangreco A, Power JH, and Stripp BR**. Neuroepithelial bodies of pulmonary airways serve as a reservoir of progenitor cells capable of epithelial regeneration. *Am J Pathol* 156: 269-278, 2000.

187. **Reynolds SD, Shen H, Reynolds PR, Betsuyaku T, Pilewski JM, Gambelli F, Di Giuseppe M, Ortiz LA, and Stripp BR**. Molecular and functional properties of lung SP cells. *Am J Physiol Lung Cell Mol Physiol* 292: L972-983, 2007.

188. **Reynolds SD, Zemke AC, Giangreco A, Brockway BL, Teisanu RM, Drake JA, Mariani T, Di PY, Taketo MM, and Stripp BR**. Conditional stabilization of beta-catenin expands the pool of lung stem cells. *Stem Cells* 26: 1337-1346, 2008.

189. **Rivera C, Rivera S, Loriot Y, Vozenin MC, and Deutsch E**. Lung cancer stem cell: new insights on experimental models and preclinical data. *J Oncol* 2011: 549181, 2010.

190. **Robinson D, Ash H, Yayon A, Nevo Z, and Aviezer D**. Characteristics of cartilage biopsies used for autologous chondrocytes transplantation. *Cell Transplant* 10: 203-208, 2001.

191. **Rochat A, Kobayashi K, and Barrandon Y**. Location of stem cells of human hair follicles by clonal analysis. *Cell* 76: 1063-1073, 1994.

192. **Rock JR, Randell SH, and Hogan BL**. Airway basal stem cells: a perspective on their roles in epithelial homeostasis and remodeling. *Dis Model Mech* 3: 545-556, 2010.

193. **Rojas M, Xu J, Woods CR, Mora AL, Spears W, Roman J, and Brigham KL**. Bone marrow-derived mesenchymal stem cells in repair of the injured lung. *Am J Respir Cell Mol Biol* 33: 145-152, 2005.

194. **Rolletschek A, and Wobus AM**. Induced human pluripotent stem cells: promises and open questions. *Biol Chem* 390: 845-849, 2009.

195. **Ryan DH, Chapple CW, Kossover SA, Sandberg AA, and Cohen HJ**. Phenotypic similarities and differences between CALLA-positive acute lymphoblastic leukemia cells and normal marrow CALLA-positive B cell precursors. *Blood* 70: 814-821, 1987.

196. **Salcido CD, Larochelle A, Taylor BJ, Dunbar CE, and Varticovski L**. Molecular characterisation of side population cells with cancer stem cell-like characteristics in small-cell lung cancer. *Br J Cancer* 102: 1636-1644, 2010.

197. **Salingcarnboriboon R, Yoshitake H, Tsuji K, Obinata M, Amagasa T, Nifuji A, and Noda M**. Establishment of tendon-derived cell lines exhibiting pluripotent mesenchymal stem cell-like property. *Exp Cell Res* 287: 289-300, 2003.

198. **Samadikuchaksaraei A, Cohen S, Isaac K, Rippon HJ, Polak JM, Bielby RC, and Bishop AE**. Derivation of distal airway epithelium from human embryonic stem cells. *Tissue Eng* 12: 867-875, 2006.

199. **Scadden DT**. The stem-cell niche as an entity of action. *Nature* 441: 1075-1079, 2006.

200. **Schoch KG, Lori A, Burns KA, Eldred T, Olsen JC, and Randell SH**. A subset of mouse tracheal epithelial basal cells generates large colonies in vitro. *Am J Physiol Lung Cell Mol Physiol* 286: L631-642, 2004.

201. **Sekine K, Ohuchi H, Fujiwara M, Yamasaki M, Yoshizawa T, Sato T, Yagishita N, Matsui D, Koga Y, Itoh N, and Kato S**. Fgf10 is essential for limb and lung formation. *Nat Genet* 21: 138-141, 1999.

202. **Serra R, Pelton RW, and Moses HL**. TGF beta 1 inhibits branching morphogenesis and N-myc expression in lung bud organ cultures. *Development* 120: 2153-2161, 1994.

203. **Serrano-Mollar A, Nacher M, Gay-Jordi G, Closa D, Xaubet A, and Bulbena O**. Intratracheal transplantation of alveolar type II cells reverses bleomycin-induced lung fibrosis. *Am J Respir Crit Care Med* 176: 1261-1268, 2007.

204. **Shay JW, and Wright WE**. Hayflick, his limit, and cellular ageing. *Nat Rev Mol Cell Biol* 1: 72-76, 2000.

205. **Shimizu T, Nishihara M, Kawaguchi S, and Sakakura Y**. Expression of phenotypic markers during regeneration of rat tracheal epithelium following mechanical injury. *Am J Respir Cell Mol Biol* 11: 85-94, 1994.

206. **Shu W, Jiang YQ, Lu MM, and Morrisey EE**. Wnt7b regulates mesenchymal proliferation and vascular development in the lung. *Development* 129: 4831-4842, 2002.

207. **Singh G, and Katyal SL**. Clara cell proteins. *Ann N Y Acad Sci* 923: 43-58, 2000.

208. **Singh SK, Clarke ID, Terasaki M, Bonn VE, Hawkins C, Squire J, and Dirks PB**. Identification of a cancer stem cell in human brain tumors. *Cancer Res* 63: 5821-5828, 2003.

209. **Singh SK, Hawkins C, Clarke ID, Squire JA, Bayani J, Hide T, Henkelman RM, Cusimano MD, and Dirks PB**. Identification of human brain tumour initiating cells. *Nature* 432: 396-401, 2004.

210. **Sleigh MA**. Ciliary function in mucus transport. *Chest* 80: 791-795, 1981.

211. **Snyder JC, Teisanu RM, and Stripp BR**. Endogenous lung stem cells and contribution to disease. *J Pathol* 217: 254-264, 2009.

212. **Soda Y, Marumoto T, Friedmann-Morvinski D, Soda M, Liu F, Michiue H, Pastorino S, Yang M, Hoffman RM, Kesari S, and Verma IM**. Transdifferentiation of glioblastoma cells into vascular endothelial cells. *Proc Natl Acad Sci U S A* 108: 4274-4280, 2011.

213. **Spees JL, Olson SD, Ylostalo J, Lynch PJ, Smith J, Perry A, Peister A, Wang MY, and Prockop DJ**. Differentiation, cell fusion, and nuclear fusion during ex vivo repair of epithelium by human adult stem cells from bone marrow stroma. *Proc Natl Acad Sci U S A* 100: 2397-2402, 2003.

214. **Spicer SS, Mochizuki I, Setser ME, and Martinez JR**. Complex carbohydrates of rat tracheobronchial surface epithelium visualized ultrastructurally. *Am J Anat* 158: 93-109, 1980.

215. **Springer J, Groneberg DA, Pregla R, and Fischer A**. Inflammatory cells as source of tachykinin-induced mucus secretion in chronic bronchitis. *Regul Pept* 124: 195-201, 2005.

216. **Stojkovic M, Lako M, Strachan T, and Murdoch A**. Derivation, growth and applications of human embryonic stem cells. *Reproduction* 128: 259-267, 2004.

217. **Stone KC, Mercer RR, Freeman BA, Chang LY, and Crapo JD**. Distribution of lung cell numbers and volumes between alveolar and nonalveolar tissue. *Am Rev Respir Dis* 146: 454-456, 1992.

218. **Stripp BR, Maxson K, Mera R, and Singh G**. Plasticity of airway cell proliferation and gene expression after acute naphthalene injury. *Am J Physiol* 269: L791-799, 1995.

219. **Summer R, Kotton DN, Sun X, Ma B, Fitzsimmons K, and Fine A**. Side population cells and Bcrp1 expression in lung. *Am J Physiol Lung Cell Mol Physiol* 285: L97-104, 2003.

220. **Sunday ME, Hua J, Dai HB, Nusrat A, and Torday JS**. Bombesin increases fetal lung growth and maturation in utero and in organ culture. *Am J Respir Cell Mol Biol* 3: 199-205, 1990.

221. **Sung JM, Cho HJ, Yi H, Lee CH, Kim HS, Kim DK, Abd El-Aty AM, Kim JS, Landowski CP, Hediger MA, and Shin HC**. Characterization of a stem cell population in lung cancer A549 cells. *Biochem Biophys Res Commun* 371: 163-167, 2008.

222. **Taieb N, Maresca M, Guo XJ, Garmy N, Fantini J, and Yahi N**. The first extracellular domain of the tumour stem cell marker CD133 contains an antigenic ganglioside-binding motif. *Cancer Lett* 278: 164-173, 2009.

223. **Takahashi K, Tanabe K, Ohnuki M, Narita M, Ichisaka T, Tomoda K, and Yamanaka S**. Induction of pluripotent stem cells from adult human fibroblasts by defined factors. *Cell* 131: 861-872, 2007.

224. **Takahashi K, and Yamanaka S**. Induction of pluripotent stem cells from mouse embryonic and adult fibroblast cultures by defined factors. *Cell* 126: 663-676, 2006.

225. **Tefft JD, Lee M, Smith S, Leinwand M, Zhao J, Bringas P, Jr., Crowe DL, and Warburton D**. Conserved function of mSpry-2, a murine homolog of Drosophila sprouty, which negatively modulates respiratory organogenesis. *Curr Biol* 9: 219-222, 1999.

226. **Terada N, Hamazaki T, Oka M, Hoki M, Mastalerz DM, Nakano Y, Meyer EM, Morel L, Petersen BE, and Scott EW**. Bone marrow cells adopt the phenotype of other cells by spontaneous cell fusion. *Nature* 416: 542-545, 2002.

227. **Thomson JA, Itskovitz-Eldor J, Shapiro SS, Waknitz MA, Swiergiel JJ, Marshall VS, and Jones JM**. Embryonic stem cell lines derived from human blastocysts. *Science* 282: 1145-1147, 1998.

228. **Tiozzo C, De Langhe S, Yu M, Londhe VA, Carraro G, Li M, Li C, Xing Y, Anderson S, Borok Z, Bellusci S, and Minoo P**. Deletion of Pten expands lung epithelial progenitor pools and confers resistance to airway injury. *Am J Respir Crit Care Med* 180: 701-712, 2009.

229. **Tirino V, Camerlingo R, Franco R, Malanga D, La Rocca A, Viglietto G, Rocco G, and Pirozzi G**. The role of CD133 in the identification and characterisation of tumour-initiating cells in non-small-cell lung cancer. *Eur J Cardiothorac Surg* 36: 446-453, 2009.

230. **Tompkins DH, Besnard V, Lange AW, Wert SE, Keiser AR, Smith AN, Lang R, and Whitsett JA**. Sox2 is required for maintenance and differentiation of bronchiolar Clara, ciliated, and goblet cells. *PLoS One* 4: e8248, 2009.

231. **Travis WD, Brambilla E, Noguchi M, Nicholson AG, Geisinger KR, Yatabe Y, Beer DG, Powell CA, Riely GJ, Van Schil PE, Garg K, Austin JH, Asamura H, Rusch VW, Hirsch FR, Scagliotti G, Mitsudomi T, Huber RM, Ishikawa Y, Jett J, Sanchez-Cespedes M, Sculier JP, Takahashi T, Tsuboi M, Vansteenkiste J, Wistuba I, Yang PC, Aberle D, Brambilla C, Flieder D, Franklin W, Gazdar A, Gould M, Hasleton P, Henderson D, Johnson B, Johnson D, Kerr K, Kuriyama K, Lee JS,**

Miller VA, Petersen I, Roggli V, Rosell R, Saijo N, Thunnissen E, Tsao M, and Yankelewitz D. International association for the study of lung cancer/american thoracic society/european respiratory society international multidisciplinary classification of lung adenocarcinoma. *J Thorac Oncol* 6: 244-285, 2011.

232. Tropea KA, Leder E, Aslam M, Lau AN, Raiser DM, Lee JH, Balasubramaniam V, Fredenburgh LE, Mitsialis SA, Kourembanas S, and Kim CF. Bronchioalveolar stem cells increase after mesenchymal stromal cell treatment in a mouse model of bronchopulmonary dysplasia. *Am J Physiol Lung Cell Mol Physiol* 2012.

233. Umemoto T, Yamato M, Shiratsuchi Y, Terasawa M, Yang J, Nishida K, Kobayashi Y, and Okano T. Expression of Integrin beta3 is correlated to the properties of quiescent hemopoietic stem cells possessing the side population phenotype. *J Immunol* 177: 7733-7739, 2006.

234. Urase K, Mukasa T, Igarashi H, Ishii Y, Yasugi S, Momoi MY, and Momoi T. Spatial expression of Sonic hedgehog in the lung epithelium during branching morphogenesis. *Biochem Biophys Res Commun* 225: 161-166, 1996.

235. van Haaften T, Byrne R, Bonnet S, Rochefort GY, Akabutu J, Bouchentouf M, Rey-Parra GJ, Galipeau J, Haromy A, Eaton F, Chen M, Hashimoto K, Abley D, Korbutt G, Archer SL, and Thebaud B. Airway delivery of mesenchymal stem cells prevents arrested alveolar growth in neonatal lung injury in rats. *Am J Respir Crit Care Med* 180: 1131-1142, 2009.

236. **Van Scott MR, Hester S, and Boucher RC**. Ion transport by rabbit nonciliated bronchiolar epithelial cells (Clara cells) in culture. *Proc Natl Acad Sci U S A* 84: 5496-5500, 1987.

237. **Visvader JE**. Keeping abreast of the mammary epithelial hierarchy and breast tumorigenesis. *Genes Dev* 23: 2563-2577, 2009.

238. **Visvader JE, and Lindeman GJ**. Cancer stem cells in solid tumours: accumulating evidence and unresolved questions. *Nat Rev Cancer* 8: 755-768, 2008.

239. **Wagers AJ, and Weissman IL**. Plasticity of adult stem cells. *Cell* 116: 639-648, 2004.

240. **Wang D, Haviland DL, Burns AR, Zsigmond E, and Wetsel RA**. A pure population of lung alveolar epithelial type II cells derived from human embryonic stem cells. *Proc Natl Acad Sci U S A* 104: 4449-4454, 2007.

241. **Wang D, Morales JE, Calame DG, Alcorn JL, and Wetsel RA**. Transplantation of human embryonic stem cell-derived alveolar epithelial type II cells abrogates acute lung injury in mice. *Mol Ther* 18: 625-634, 2010.

242. **Wang G, Bunnell BA, Painter RG, Quiniones BC, Tom S, Lanson NA, Jr., Spees JL, Bertucci D, Peister A, Weiss DJ, Valentine VG, Prockop DJ, and Kolls JK**. Adult stem cells from bone marrow stroma differentiate into airway epithelial cells: potential therapy for cystic fibrosis. *Proc Natl Acad Sci U S A* 102: 186-191, 2005.

243. **Warburton D, Bellusci S, De Langhe S, Del Moral PM, Fleury V, Mailleux A, Tefft D, Unbekandt M, Wang K, and Shi W**. Molecular mechanisms of early lung specification and branching morphogenesis. *Pediatr Res* 57: 26R-37R, 2005.

244. **Watson TM, Reynolds SD, Mango GW, Boe IM, Lund J, and Stripp BR**. Altered lung gene expression in CCSP-null mice suggests immunoregulatory roles for Clara cells. *Am J Physiol Lung Cell Mol Physiol* 281: L1523-1530, 2001.

245. **Weaver M, Dunn NR, and Hogan BL**. Bmp4 and Fgf10 play opposing roles during lung bud morphogenesis. *Development* 127: 2695-2704, 2000.

246. **Weissman IL**. Translating stem and progenitor cell biology to the clinic: barriers and opportunities. *Science* 287: 1442-1446, 2000.

247. **Wesson RN, and Cameron AM**. Stem cells in acute liver failure. *Adv Surg* 45: 117-130, 2011.

248. **Wharton J, Polak JM, Bloom SR, Ghatei MA, Solcia E, Brown MR, and Pearse AG**. Bombesin-like immunoreactivity in the lung. *Nature* 273: 769-770, 1978.

249. **Wicha MS, Liu S, and Dontu G**. Cancer stem cells: an old idea--a paradigm shift. *Cancer Res* 66: 1883-1890; discussion 1895-1886, 2006.

250. **Widdicombe JG, and Pack RJ**. The Clara cell. *Eur J Respir Dis* 63: 202-220, 1982.

251. **Winn B, Tavares R, Fanion J, Noble L, Gao J, Sabo E, and Resnick MB**. Differentiating the undifferentiated: immunohistochemical profile of medullary carcinoma of the colon with an emphasis on intestinal differentiation. *Hum Pathol* 40: 398-404, 2009.

252. **Wright JR, and Clements JA**. Metabolism and turnover of lung surfactant. *Am Rev Respir Dis* 136: 426-444, 1987.

253. **Wuenschell CW, Sunday ME, Singh G, Minoo P, Slavkin HC, and Warburton D**. Embryonic mouse lung epithelial progenitor cells co-express

immunohistochemical markers of diverse mature cell lineages. *J Histochem Cytochem* 44: 113-123, 1996.

254. **Wurmser AE, and Gage FH**. Stem cells: cell fusion causes confusion. *Nature* 416: 485-487, 2002.

255. **Xu J, Qu J, Cao L, Sai Y, Chen C, He L, and Yu L**. Mesenchymal stem cell-based angiopoietin-1 gene therapy for acute lung injury induced by lipopolysaccharide in mice. *J Pathol* 214: 472-481, 2008.

256. **Yanada M, Yaoi T, Shimada J, Sakakura C, Nishimura M, Ito K, Terauchi K, Nishiyama K, Itoh K, and Fushiki S**. Frequent hemizygous deletion at 1p36 and hypermethylation downregulate RUNX3 expression in human lung cancer cell lines. *Oncol Rep* 14: 817-822, 2005.

257. **Yang L, Li S, Hatch H, Ahrens K, Cornelius JG, Petersen BE, and Peck AB**. In vitro trans-differentiation of adult hepatic stem cells into pancreatic endocrine hormone-producing cells. *Proc Natl Acad Sci U S A* 99: 8078-8083, 2002.

258. **Yi H, Cho HJ, Cho SM, Jo K, Park JA, Lee SH, Chang BJ, Kim JS, and Shin HC**. Effect of 5-FU and MTX on the Expression of Drug-resistance Related Cancer Stem Cell Markers in Non-small Cell Lung Cancer Cells. *Korean J Physiol Pharmacol* 16: 11-16, 2012.

259. **Ying QL, Nichols J, Evans EP, and Smith AG**. Changing potency by spontaneous fusion. *Nature* 416: 545-548, 2002.

260. **Yoshida A, Rzhetsky A, Hsu LC, and Chang C**. Human aldehyde dehydrogenase gene family. *Eur J Biochem* 251: 549-557, 1998.

261. **Yu J, Vodyanik MA, Smuga-Otto K, Antosiewicz-Bourget J, Frane JL, Tian S, Nie J, Jonsdottir GA, Ruotti V, Stewart R, Slukvin, II, and**

Thomson JA. Induced pluripotent stem cell lines derived from human somatic cells. *Science* 318: 1917-1920, 2007.

262. Yu Y, Flint A, Dvorin EL, and Bischoff J. AC133-2, a novel isoform of human AC133 stem cell antigen. *J Biol Chem* 277: 20711-20716, 2002.

263. Zemke AC, Teisanu RM, Giangreco A, Drake JA, Brockway BL, Reynolds SD, and Stripp BR. beta-Catenin is not necessary for maintenance or repair of the bronchiolar epithelium. *Am J Respir Cell Mol Biol* 41: 535-543, 2009.

264. Zhang M, Atkinson RL, and Rosen JM. Selective targeting of radiation-resistant tumor-initiating cells. *Proc Natl Acad Sci U S A* 107: 3522-3527, 2010.

265. Zhao J, Bu D, Lee M, Slavkin HC, Hall FL, and Warburton D. Abrogation of transforming growth factor-beta type II receptor stimulates embryonic mouse lung branching morphogenesis in culture. *Dev Biol* 180: 242-257, 1996.

266. Zhou H, Wu S, Joo JY, Zhu S, Han DW, Lin T, Trauger S, Bien G, Yao S, Zhu Y, Siuzdak G, Scholer HR, Duan L, and Ding S. Generation of induced pluripotent stem cells using recombinant proteins. *Cell Stem Cell* 4: 381-384, 2009.

267. Zhou S, Schuetz JD, Bunting KD, Colapietro AM, Sampath J, Morris JJ, Lagutina I, Grosveld GC, Osawa M, Nakauchi H, and Sorrentino BP. The ABC transporter Bcrp1/ABCG2 is expressed in a wide variety of stem cells and is a molecular determinant of the side-population phenotype. *Nat Med* 7: 1028-1034, 2001.

268. **Zhu X, Zhou X, Lewis MT, Xia L, and Wong S**. Cancer stem cell, niche and EGFR decide tumor development and treatment response: A bio-computational simulation study. *J Theor Biol* 269: 138-149, 2011.

269. **Zuk PA, Zhu M, Mizuno H, Huang J, Futrell JW, Katz AJ, Benhaim P, Lorenz HP, and Hedrick MH**. Multilineage cells from human adipose tissue: implications for cell-based therapies. *Tissue Eng* 7: 211-228, 2001.

i want morebooks!

Buy your books fast and straightforward online - at one of world's fastest growing online book stores! Environmentally sound due to Print-on-Demand technologies.

Buy your books online at
www.get-morebooks.com

Achetez vos livres en ligne, vite et bien, sur l'une des librairies en ligne les plus performantes au monde!
En protégeant nos ressources et notre environnement grâce à l'impression à la demande.

La librairie en ligne pour acheter plus vite
www.morebooks.fr

VDM Verlagsservicegesellschaft mbH
Heinrich-Böcking-Str. 6-8   Telefon: +49 681 3720 174   info@vdm-vsg.de
D - 66121 Saarbrücken   Telefax: +49 681 3720 1749 www.vdm-vsg.de

Printed by Books on Demand GmbH, Norderstedt / Germany